宇宙体系

The System of the World

［英］牛顿　著
贾康　译

中国科学技术出版社
华 语 教 学 出 版 社
·北　京·

图书在版编目（CIP）数据

宇宙体系 /（英）牛顿著；贾康译 . -- 北京：中国科学技术出版社：华语教学出版社，2024.3

ISBN 978-7-5236-0300-0

Ⅰ. ①宇…　Ⅱ. ①牛…　②贾…　Ⅲ. ①宇宙学　Ⅳ. ① P159

中国国家版本馆 CIP 数据核字（2023）第 219383 号

总 策 划	秦德继
策划编辑	林镇南　刘洞天
责任编辑	王寅生　张锡鹏
封面设计	锋尚设计
正文设计	中文天地
责任校对	焦　宁
责任印制	马宇晨

出　　版	中国科学技术出版社　华语教学出版社
发　　行	中国科学技术出版社有限公司发行部　华语教学出版社发行部
地　　址	北京市海淀区中关村南大街16号
邮　　编	100081
发行电话	010-62173865
传　　真	010-62173081
网　　址	http：//www.cspbooks.com.cn

开　　本	880mm × 1230mm　1/32
字　　数	103千字
印　　张	5
版　　次	2024年3月第1版
印　　次	2024年3月第1次印刷
印　　刷	河北鑫兆源印刷有限公司
书　　号	ISBN 978-7-5236-0300-0 / P · 229
定　　价	68.00元

译者序

▸▸ **PREFACE**

2022年8月，我收到《宇宙体系》的翻译邀请，能够翻译如此伟人的作品，我深感荣幸，甚至惶恐。牛顿在人类科学史上的地位是独一无二的。爱因斯坦曾说："在牛顿之前没有，在牛顿之后也没有任何一个人，能对欧洲的科学和思想产生如此巨大和深远的影响了。"

牛顿的著作《自然哲学之数学原理》（以下简称《原理》）是经典力学的第一部经典著作，是人类掌握的首个完整的科学的宇宙理论体系，还深远地影响了自然科学的所有领域。《宇宙体系》是牛顿《原理》第三卷的原稿，与《原理》不同的是，《宇宙体系》使用的数学较少，而是采用相对通俗的描述方法阐述了牛顿对他所认识的宇宙体系的最初想法。

《宇宙体系》的拉丁文原稿现藏于英国剑桥大学图书馆，编号 MS Add. 3990。该文稿的原始标题表明，在牛顿创作《原理》初期，他设想将书分为两卷，第一卷主要致力于物理运动的数学理论。第二卷是关于"宇宙体系"的，即行星轨道的数学化描述、潮汐、地球的形状、月球的运动和彗星的轨道。

后来，牛顿重新思考了《原理》一书的结构，正式将这一作品分成三卷。原第一卷的手稿得到进一步的扩充，牛顿将其分为两册。第三卷是 *De Motu Corporum Liber Secundus* 的扩展和修订版本。MS Add. 3990 文稿的第十四段在《原理》的第三卷中得以完整保留。目前还尚不清楚牛顿为何彻底改变了《原理》第三卷的最终形式，他采用了一种更加紧凑和更加复杂的数学风格重新撰写了该卷，还包含了在此期间进一步得出的一些重要的定量结果，特别是关于彗星运动的理论，以及月球运动的扰动。

但是最初的第三卷原稿仍然以不止一份手稿的形式完整保存下来。在牛顿去世后一年（1728 年），由于其论述方式相对容易理解，《宇宙体系》的英文译本得以发行，并于 1731 年发行第二版。后续一些出版社和学者在修订《原理》时，将《原理》和《宇宙体系》合并（如 1934 年加州大学出版社出版的 *Sir Isaac Newton's Mathematical Principles of Natural Philosophy and His System of the World*），以至于有相当一部分人认为它们本就是一部书。但实际上，《宇宙体系》这本书是独立的，但也可作为《原理》的参照和补充。本次翻译基于 *A Treatise of the System of the World* 的第二版（1731 年英译本）译出。

值得一提的是，牛顿在剑桥大学因鼠疫关闭期间（1665 年至 1667 年）回到家乡，开始了他在数学、经典力学、光学和天文学上的伟大创造。本书中关于“在行星空间中环绕太阳的力按照到太阳距离的平方的反比减小”这一重要结论，正是牛顿于 1666 年基于开普勒的研究推导出来的。在翻译本书期间，我在深刻体味这部 350 多年前巨作中的科学思想之余，也深感人被迫囿于斗室时的工作量之巨。据说，作家维克多 · 雨果为尽快完成书稿，避免分心于应酬，把头发胡须剃去一半，从此居家专心创作，如期完成了作品。我想，这大概也是“被迫封闭”的功劳。

在本书的翻译过程中，我得到了北航学长郭天鹏的诸多帮助，在此表示诚挚感谢！

贾康

2023 年 7 月

目录

▸▸ CONTENTS

1
天体是流动的

在早期的哲学研究中，有不少人以为恒星静止于宇宙最高处；在恒星之下，各行星围绕太阳转动；地球，作为行星中的一员，每年环绕太阳运行一周，同时还保持着绕自身轴的自转；而位于宇宙中心的太阳，燃烧自己温暖整个宇宙。

以上这些理论正是被菲洛劳斯、萨摩斯的阿里斯塔克斯、壮年时期的柏拉图以及整个毕达哥拉斯学派所教导的哲学，同样也是更早时期的阿那克西曼德的判断。古罗马的明君努玛·庞皮利乌斯，为了向女灶神（Vesta）表示敬意，建造了一座圆形的庙宇并下令在其中央保持不熄的火焰，以此象征世界以太阳为中心的图景。

古埃及人曾观察过星空，因此这样的哲学可能就是由他们向其他民族传播的。古希腊人与他们相邻，而且爱好研究学问甚于研究自然，正是以此为基础，发展出他们最基础的也是最齐备的哲学观念；在女灶神的祭祀仪式中，我们可以追溯到古埃及人的精神，这也正是他们以宗教礼仪和象形符号的形式来表达他们的奥秘，或者说他们的哲学方式，而这种哲学方式高于通常的思考方式。

无可否认，阿那克萨哥拉、德谟克利特等人在此前后认为：地球是宇宙的中心，星星向西围绕着静止在中央的地球旋转，一些星星的速度较快，另一些则较慢。

然而，这两种理论都认为天体的运动是完全自由且不受阻力作用的。固体球壳的设想出现得相对较晚，由欧多克斯、卡利普斯和亚里士多德等人提出，此时古代哲学开始衰落并由新盛行的希腊人的想法取代。

但最重要的是，固体轨道的概念完全无法解释彗星的现象。迦勒底人，作为当时最渊博的天文学家，将彗星看作是一种特殊的行星（在这之前彗星被看作是天体），它们沿着偏心轨道运动，每运行一周下降到较低的轨道部分时，才能被人们观察到。

尽管固体轨道理论盛行，但存在一个无法回避的结论就是：彗星应当位于低于月球的空间。于是，当后来的天文学家在更高的位置观测到彗星时，固体轨道理论就无法立足于天体空间领域了。

2
在自由空间中圆周运动的原理

在上文这个时代之后，我们无法得知古代人以何种办法解释这个问题：行星是如何被维系在自由空间的有限范围内，能够不断偏离属于自身的直线路径，沿着曲线轨道规则地运动。或许固体轨道概念的引入是为了在某种程度上解决这一难题。

后来自称能解决这一问题的哲学家们，认为这是某种涡旋的作用，例如开普勒和笛卡尔；或是由于某种其他的推力或者吸引力的作用，例如波雷里、胡克，以及英国其他的一些学者。因为根据运动定律，这些现象毫无疑问是由某种力引起的。

然而，我们的目的仅仅是通过现象去确定这种力的大小和性质，并基于我们在一些简单情景发现的原理，通过数学的方法来推测更复杂情形下的现象，因为把每一种特例都置于直接且即时的观测是无穷尽且不现实的。

为了避免涉及这种力的特性或和性质有关的所有问题，这是无法采用任何假设就能理解的，因此采用一个通用的名称——向心力对其命名，以此表明它是指向某个中心的力；当这个中心是特殊的物体时，我们可以将它称为环绕太阳的力、环绕地球的力和环绕木星的力；这样的命名方法，同样也可类比到其他的中心物体。

3
向心力的作用

在向心力的作用下，行星能被保持在一定的轨道上，如果我们思考一下抛体运动，就更容易理解这一点。由于受到自身重力的影响，石块被抛出后不会沿着本应继续的直线路径，而是偏离直线，沿着曲线轨迹落到地面，而且石块被抛射的速度越快，落地前走过的路径越远。因此，我们可以假设速度这样增大，使石块在落地前走过 1、2、5、10、100、1000 英里（1 英里 =1609.344 米）的弧线，直到最终超越地球的范围，就可以在空间中运动而不触碰地球。

我们使用 *AFB* 来表示地球表面，*C* 是地球中心，*VD*、*VE* 和 *VF* 是从高山顶部以越来越大的速度沿着水平方向抛出后掠过的曲线；因为在空间中运行的天体几乎不受或完全不受阻力影响，为了便于讨论，我们假设地球周围没有空气或者阻力极小甚至没有阻力。基于同样的原因，以最小速度被抛出的物体将沿着轨迹 *VD* 运动，以较大速度被抛出的物体将沿着轨迹 *VE* 运动，进一步增大抛出速度，物体会飞行得越来越远，到达 *F* 点和 *G* 点，如果我们继续增大抛出速度，物体将完全离开地球表面并回到先前被抛出的山顶上。

在这类运动中，物体由向地球中心所引半径掠过的面积（根据《自然哲学之数学原理》第一卷命题1）正比于掠过该面积所用的时间，因此当物体返回山顶时，它的速度不小于抛出时的速度。因此，根据同样的定律我们可以知道，这个物体将以相同的速度反复掠过同样的曲线。

如果我们现在设想从更高的高度，例如5、10、100、1000英里或者更高，又或者干脆等于数个地球半径，沿着水平方向将物体抛出，那么根据抛出速度不同，以及不同高度引力不同，这些物体将画出与地球同心或者偏心的圆弧，如同行星在其轨道上运动那样在天空中运行。

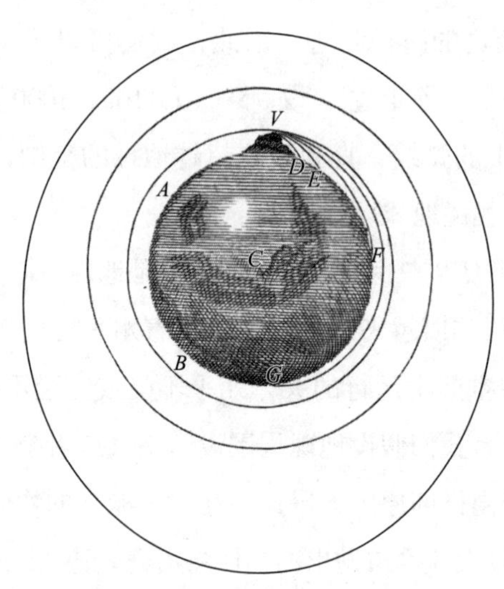

4
证据的可靠性

当我们把物体斜着抛出，即沿着垂直方向以外的任意方向抛出后，物体将从其被抛射的直线方向上不断地向地面偏折直至落到地面，这正是物体受到重力作用的证据，其可靠性不亚于物体由静止状态自由下落时的笔直下降。因为在自由空间中运动的物体偏离直线的路径，并由此不断地向任意一个位置偏离，这是某个力存在的确凿证据，正是这个力把物体从各个方向推向那个位置。

而且，假设存在重力，就会得出地球附近所有物体都会下落的结论。如果物体由静止下落，就一定会笔直地落向地面；如果物体被斜着抛出，就一定会持续脱离直线落向地面。因此，基于存在指向任意中心的力的假设，同样必然导致：受到这个力作用的所有物体，要么笔直地向着中心下落，要么至少持续偏离直线而朝向中心下落，如果它们原先是沿直线斜向运动的话。

至于如何由已知运动推导出这种力，或者如何根据给定的力来确定运动,《自然哲学之数学原理》的前两卷已经给出了说明。

如果假定地球保持不动，恒星在自由空间里不间断地运行，那么使这些恒星保持在它们轨道上的力必定不指向地球，而指向那些轨道的中心，即若干平行圆环的中心。恒星每天都沿着偏向赤道这一侧或那一侧的圆环轨道运行，而且由恒星指向轨道中心所引半径掠过的面积，与所用时间严格成正比例关系。这样，由于运行的周期时间是相等的（根据《自然哲学之数学原理》第一卷命题 4 推论 3），向心力与每个轨道的半径成正比，且恒星总是沿同一轨道连续运行。从行星的周日运动假设也能推导出类似的结论。

这些力不指向它们赖以存在的物体，而是指向地球自转轴上无数想象的点，这种假设是不合理的。更不合理的假设在于这些力会精准地按照离开这个轴的距离成比例地增加，因为这实际上是说它们会增长到极大，或更确切地说增大到无限，然而在自然界中的力在远离其来源时通常会减弱。但更荒谬的是，由同一颗恒星掠过的面积既不正比于时间，它也不会沿着同一轨道运行，这是因为，当恒星远离两极时，掠过的面积和轨道半径都变大，然而掠过面积的增大表明这个力并不指向地球的轴。这种困难（见《自然哲学之数学原理》第一卷命题 2 推论 1）是由恒星的双重运动引起的：其一是环绕地球的轴的周日运动；其二是环绕黄道轴的极其缓慢的运动。对这种现象的解释需要依赖复杂而变化不定的多种力的合成，从而很难与任何物理理论相一致。

5 向心力指向每个行星的中心

我推断，存在真正指向太阳、地球和其他行星中心的向心力。

月球围绕地球旋转，由向地球中心所引半径掠过的面积大致与掠过这些面积所需的时间成正比，这也正如月球的运行速度和它的视直径相关一样明显，因为当月球的视直径较小（与地球相距较远）时运动较慢，视直径较大时运动较快。

木星的卫星们围绕木星的运行更加规则，以我们能感知的精确度而论，这些卫星以均匀的速度围绕木星作同心圆运动。

土星的卫星们围绕土星的运行是近似为圆且均匀的，迄今为止还几乎没有观测到它们有偏心扰动。

金星和水星围绕太阳运行，这可由它们近似月相的变化来证明。当它们满相时，它们位于其轨道上相比地球而言比太阳更远的位置；当它们呈现半满相时，它们位于其轨道上正对着太阳的位置；当它们呈现新月状时，它们位于其轨道上地球和太阳之间的位置；当它们掠过太阳表面时，它们正好位于其轨道上地球和太阳之间的连线上。

金星的轨道几乎是均匀的，它的轨道近似圆形而且与太阳共中心。

但水星的运动稍有偏心，更显著地偏向太阳，然后又远离。当它靠近太阳时速度较快，而且由向中心所引半径掠过的面积仍正比于时间。

最终，地球环绕着太阳，或者太阳环绕着地球，这两者之间半径掠过的面积严格正比于时间，这可由太阳的视直径和与它的视运动进行比较来证明。

这些都是天文学实验，由此根据《自然哲学之数学原理》第一卷中的命题 1、2 和 3 以及它们的推论可以得出，的确存在（无论是精确的或是没有明显误差的）指向地球、木星、土星和太阳中心的向心力。对于水星、金星、火星以及较小的行星，还需要更多的实验，但根据类比可知这些结论必然是一致的。

6
向心力按照距行星中心距离平方的反比减小

《自然哲学之数学原理》第一卷命题 4 的推论 6 表明，这些力按照距行星中心距离平方的反比减小，因为木星卫星彼此的周期之比正比于它们距行星中心距离的二分之三次方。

这一比值，很久之前就在这些卫星上观测到了，而且弗拉姆斯蒂德先生经常利用测微仪和卫星的食亏现象来测量这些卫星距木星的距离。他曾经写信告知我，这一比值在我们能感知到的范围内，具有极高的准确性。他同样告诉我由测微仪得到的木星卫星轨道的大小，并且换算为木星距地球或者距太阳的平均距离，以及它们的运行时间，如下：

卫星名称	从太阳上看卫星到木星的最大距角		卫星运行的周期			
	角分（′）	角秒（″）	天	小时	分	秒
木卫一	1	483 或 108	1	18	28	36
木卫二	3	1 或 181	3	13	17	54

续表

卫星名称	从太阳上看卫星到木星的最大距角		卫星环绕运行的周期			
	角分（′）	角秒（″）	天	小时	分	秒
木卫三	4	46 或 286	7	3	59	36
木卫四	8	$13\frac{1}{2}$ 或 $493\frac{1}{2}$	16	18	5	13

由此可轻松看出距离的二分之三次方关系，例如

$$\frac{16\text{天}\ 18\text{时}\ 5\text{分}\ 13\text{秒}}{1\text{天}\ 18\text{时}\ 28\text{分}\ 36\text{秒}}=\frac{\left(493\frac{1}{2}\right)''\times\sqrt{\left(493\frac{1}{2}\right)''}}{108''\times\sqrt{108''}}$$

但请忽略那些在测量中无法精确测量的微小量。

在测微仪被发明出来之前，卫星距木星的距离可依照木星的半径被表示为：

卫星距木星的距离	木卫一	木卫二	木卫三	木卫四
由伽利略测量	6	10	16	28
由西蒙·马里乌斯测量	6	10	16	26
由卡西尼测量	5	8	13	23
由波雷利测量（更准确）	$5\frac{2}{3}$	$8\frac{2}{3}$	14	$24\frac{2}{3}$

在测微仪被发明后：

卫星距木星距离	木卫一	木卫二	木卫三	木卫四
由汤利测量	5.51	8.78	13.47	24.72
由弗拉姆斯蒂德测量	5.31	8.85	13.98	24.23
由食亏法测量（更准确）	5.578	8.876	14.159	24.903

这四颗卫星（绕木星转动）的周期，根据弗拉姆斯蒂德的观测，分别是 1 天 18 时 28 分 36 秒、3 天 13 时 17 分 54 秒、7 天 3 时 59 分 36 秒和 16 天 18 时 5 分 13 秒。

由此计算得到的距离分别是 5.578、8.878、14.168 和 24.968，这与通过观测得到的距离精确相符。

卡西尼证实，这种比例同样出现在环绕土星运行的卫星上。但在获得关于这些卫星的确定且精确的理论之前，仍然需要长期的观测。

在环绕太阳的行星中，根据最优秀的天文学家通过观测确定的轨道尺寸，水星和金星这一比例非常精确地成立。

7

环绕太阳运行的行星，由其向太阳所引半径掠过的面积与时间成正比

火星环绕太阳运行，这可由它显示的相和它的视直径的比例来证明，因为它在与太阳交会点附近时显现为满相，在其方照点显现凸相，因此它一定环绕太阳运行。

由于它的直径在它与太阳相对时比它位于与太阳交会处时约大五倍，而且它距地球的距离与它的视直径成反比，因此它距地球的距离在与太阳相对时是它在与太阳交会处时的$\frac{1}{5}$。但是在这两种情形下，根据位于方照点位置处的凸相，它距太阳的距离几乎是相同的。火星以半径几乎相等的轨道围绕太阳运行，但是它相对于地球的距离却变化很大，因此由它向太阳所引半径掠过的面积近似均匀，而由它向地球所引半径有时很快，有时很慢，有时逆行。

木星在高于火星的轨道上围绕太阳运行，它距太阳的距离和掠过的面积也是几乎均匀的。

弗拉姆斯蒂德先生在信中向我保证，迄今为止，木星内侧所有卫星的食亏都和他的理论符合得很好，误差从未超过两分钟；外侧卫星的误差相对较大；从外侧数起的第二颗卫星，误差几乎有三倍多；从内侧数起的第二颗卫星，误差的确会更大，但这与他的计算相一致，正如月球的运动与通用星表相一致。他仅根据平均运动计算食亏，并采用由罗默先生发现和引入的光行时差进行校正。那么假定该理论与上文描述的外层卫星的运动的误差小于 2′，取周期时间 16 天 18 时 5 分 13 秒比 2′的时间，正如同 360° 的圆弧比 1′ 48″的圆弧；那么弗拉姆斯蒂德先生的误差，换算到这颗卫星的轨道上，也小于 1′ 48″；也就是说，相对于木星中心，这颗卫星的经度的误差小于 1′ 48″。但当这颗卫星位于阴影中央时，这颗卫星的经度与木星的日心经度相同。因此，弗拉姆斯蒂德先生所遵循的假设，即哥白尼体系，经开普勒改进，而且（对于木星的运动）经他本人修正，能够以小于 1′ 48″的误差对该经度进行测量。根据这个经度和容易得知的地心经度，即可确定木星到太阳的距离，所以这必定与假设完全相同。由于在日心经度产生的 1′ 48″的误差几乎察觉不到，可以被忽略，这种误差或许来自这颗卫星尚未发现的偏心运动。但是由于木星的经度和距离都得以确定，所以由它向太阳所引半径必然掠过假设所需的面积，即与时间成正比。

根据惠更斯先生和哈雷博士的观测，可以从土星的卫星上得出同样的结论，虽然这一结论尚需长期观测和足够精确的计算来验证。

8
控制较远行星的力并不指向地球，而是指向太阳

这是因为，如果从太阳上观察木星，它不会如同在地球上看到的那样，出现逆行或者驻留，而是以近似均匀的速度向前运行。而且根据它的视地心运动的显著的不等性，可以推断出（根据《自然哲学之数学原理》第一卷命题 3 推论 4）：使木星偏离直线并沿着轨道运行的力并非指向地球的中心。同样的论证也适用于火星和土星。因此，应寻找（根据《自然哲学之数学原理》第一卷命题 2、命题 3 及命题 3 的推论）这些力的另一个中心，以使围绕这个中心的各行星所引半径画出的面积是均匀的；这个中心就是太阳，我们已经对火星和土星做了近似的证明，其中关于木星的证明非常精确。有人会提出异议，太阳和行星都在平行方向上受到其他相等的力的作用。但是在这种力的作用下（根据运动定律推论 6），行星之间的相互位置不会发生改变，也没有明显的效应产生。我们的职责在于探寻明显效应的原因。所以，让我

们忽视任何像这样想象的和不可靠的，并且对解释天体现象没有用处的力，使得剩下的所有推动木星的力（根据《自然哲学之数学原理》第一卷命题 3）指向太阳中心。

9
在行星空间中环绕太阳的力按照到太阳距离的平方的反比减小

无论是像第谷那样将地球放置于宇宙的中心，还是像哥白尼那样把太阳放置于宇宙的中心，各行星到太阳的距离都是相等的。而且我们已经证明以上结论对木星是成立的。

开普勒和波里奥曾精心测定了各行星到太阳的距离，因此他们制作的星表与天体运动符合得最好。在所有行星中，对于木星和火星、土星和地球以及金星和水星，它们之间距离的立方之比等于运行周期时间的平方之比。因此（根据《自然哲学之数学原理》第一卷命题 4 推论 6），围绕太阳的向心力遍及整个行星区域，且按照距太阳距离的平方反比减小。在验证这一比值的过程中，我们需要使用平均距离，或者轨道的横向半轴（由《自然哲学之数学原理》第一卷命题 15），并忽略小数，这些小数在确定轨道过程中，可能来自观察中难以感知的误差，或者可能由我们在后文中将解释的其他原因引起。于是，我们可以断定，以上比例总是成立。因为土星、木星、火星、地球、金星和水星距太阳的距离，是根据天文学家的观测得到的，根据开普勒的计算，其数值为951000、519650、152350、100000、72400、38806；根据波里奥的计算，其数值为954198、522520、152350、100000、72398、38585；而根据运行周期得出的距离，其数值为953806、520116、152399、100000、72333、38710。开普勒和波里奥求得的距离相差非常小，而且由运行周期计算得到的距离落在开普勒和波里奥相差最大的距离之间。

10
假设地球静止，地球周围的力按照到地球距离的平方的反比减小

我这样推断，环绕地球的力也同样地按照距地球距离的平方的反比减小。

月球到地球中心的距离，换算为地球半径，根据托勒密和开普勒的《天文表》，以及波里奥、赫维留和里奇奥利，该值为59；根据弗拉姆斯蒂德，该值为59 $\frac{1}{3}$；根据第谷，该值为56 $\frac{1}{2}$；根据凡德林，该值为60；根据哥白尼，该值为60 $\frac{1}{3}$；根据基尔舍尔，该值为62 $\frac{1}{2}$。

然而，第谷和所有遵循他的折射表的人，使太阳光和月光的折射（与光的本性完全相反）超出了恒星光的折射，在地平线上方大约4′~5′，由此月球的地平视差也增大了相应的数值；也就是说，整个数值增大了 $\frac{1}{12}$ 或 $\frac{1}{15}$。纠正这一误差后，月球距地

球中心的距离变为60或61个地球半径，这与其他人确定的值几乎相同。

让我们设定月球距地球中心的平均距离为60个地球半径，它相对于恒星的运行周期为27天7时43分，正如天文学家已经确定的。那么（根据《自然哲学之数学原理》第一卷命题4推论6），假设一个物体在靠近静止地球表面的空气中，由于向心力之比等于距地球中心距离平方的反比，即它受到的向心力与月球受到的力的比值为3600∶1，该物体将以1小时24分27秒的周期完成绕地运行。

假设地球的半径为123249600巴黎尺（1巴黎尺约为0.325米），正如近期法国人测量的那样，那么同一个物体，在摆脱圆周运动后，在与先前相等的向心力作用下，下一秒内下落掠过的长度是$15\frac{1}{12}$巴黎尺。

这是我们根据《自然哲学之数学原理》第一卷命题36计算得到的，它与我们对地球附近观察到的所有物体的下落现象相一致。因为根据单摆实验及相关计算，惠更斯已经证明，在靠近地球的表面，物体在仅受向心力（无论其性质是什么）的作用下坠落，一秒内掠过的长度都是$15\frac{1}{12}$巴黎尺。

11
假设地球运动，证明同样的事

但是如果假设地球是运动的，那么地球和月球（根据《自然哲学之数学原理》第一卷运动定律推论 4 和推论 57）将围绕它们的公共重心运行。而且月球（根据《自然哲学之数学原理》第一卷命题 60）将以同样的运行周期 27 天 7 时 43 分，在同样按照反比于距离平方减小的地心力的作用下，沿着一条轨道运动，这条轨道的半径与前者轨道的半径（即 60 个地球半径）之间的比，等于地球与月球的和，与这个和与地球本体的两个比例中项中的第一个之比；也就是说，如果我们假设月球（因为它的平均视直径为 $31\frac{1}{2}'$）约为地球的 $\frac{1}{42}$，如同 43 比 $\sqrt[3]{42\times43^2}$，或者约等于 128 比 127。所以该轨道的半径，也就是地球中心和月球中心的距离，在这种情况下等于 $60\frac{1}{2}$ 个地球半径，这与哥白尼测定的值几乎相同，这是第谷的观测无法反驳的。因此，力随着距离的平方减小很好地成立。这里我忽略了太阳作用引起的轨道增量，但如果减去这个增量，那么实际的真实距离约为 $60\frac{4}{9}$ 个地球半径。

12
向心力按照距地球或行星的距离平方的反比减小，这可由行星的偏心率和回归点极为缓慢的运动加以证明

此外，向心力减小的比例还可以通过行星的偏心率以及它们回归点极为缓慢的运动加以证明。因为（由《自然哲学之数学原理》第一卷命题 45 的推论）任何其他的比例，都无法使太阳周围的行星在每次运行中到达距太阳最近点后又升离到最远点，并使这些距离的位置保持不变。关于平方比值的很小的误差都会造成每次运行中回归点不可忽视的运动，对于多次运行更是如此。

但是经过无数次的环绕运行后，这样的运动在环绕太阳的行星轨道上几乎很难被察觉。有些天文学家断言没有这样的运动，其他人则认为它不大于由后文所述原因引起的运动，这对于目前的问题是无关紧要的。

我们甚至可以忽略月球回归点的运动，它远大于环绕太阳的行星的回归点的运动，每次环绕运动都可达 3′。而且从这一运动

中可以证明，环绕地球的力按照不小于距离平方的反比减小，但远大于按照距离的立方反比减小。这是因为，如果平方关系逐渐变化为立方关系，那么回归点的运动将由此增加至无穷，因此，一个极小的变动都会引起月球回归点的运动。月球回归点的运动来源于环绕太阳的力，我们将在后文中进行解释。但如果排除这个原因，月球的回归点或者远地点将保持不动，环绕地球的力在不同距离上按照距离平方的反比减小的关系将精确成立。

13
指向各个行星的力的强度，强大的太阳力

既然这个比例关系已经建立，我们就可以比较各行星所受力的大小。

在木星到地球的平均距离上，最外侧的卫星距木星中心的最大距角是 8′ 13″。因此这颗卫星距木星中心的距离比木星距太阳中心的距离等于 124 比 52012，比金星距太阳中心的距离等于 124 比 7234。它们运行的周期时间是 $16\frac{3}{4}$天和 $224\frac{2}{3}$天。由此（根据《自然哲学之数学原理》第一卷命题 4 推论 2），用距离除以时间的平方，我们可以推出，那颗卫星被木星牵引的力比金星被太阳牵引的力等于 442 比 143。如果我们按照距离 124 比 7234 的平方的反比缩小该卫星受到的力，将得到在金星到太阳距离上环绕木星的力比环绕太阳的力（金星由这个力驱动绕太阳运行），等于 $\frac{13}{100}$比 143，或等于 1 比 1100。所以，在相同的距离处，环绕太阳的力比环绕木星的力大 1100 倍。

根据土星卫星的运行周期是 15 天 22 时，以及它距土星的最大距角，当该行星位于其与我们之间的平均距离时，是 3′ 22″，通过类似的计算，可得该卫星距土星中心的距离比金星距太阳的距离等于 $92\frac{2}{5}$ 比 7234，因此环绕太阳的绝对的力比环绕土星的绝对的力大 2360 倍。

14
微弱的地球力

由金星、木星还有其他行星环绕太阳运动的规律性，以及它们环绕地球运动的不规律性（根据《自然哲学之数学原理》第一卷命题 3 推论 4）可知，显然环绕地球的力与环绕太阳的力相比是非常微弱的。

里奇奥利和凡德林分别试图从根据由望远镜观察到的月球的弦月来确定太阳的视差，并且他们一致认为该视差不超过半分。

开普勒根据第谷和他本人的观测，无法发现火星的视差，甚至在火星冲日发生时，即其视差应略大于太阳的视差时，也是如此。

弗拉姆斯蒂德也试图在火星位于近地点时使用千分仪观测同一视差，但这一视差从未超过 25″，且由此得出的太阳的视差至多为 10″。

由此可推断出，月球距地球的距离比地球距太阳的距离不大于 29 比 10000，比金星距太阳的距离不大于 29 比 7233。

根据这些距离、运行周期以及上文所解释的方法，容易推断出环绕太阳的绝对的力至少比环绕地球的绝对的力大 229400 倍。

即便根据里奇奥利和凡德林的观测只能肯定太阳的视差小于半分，但由此能够断定环绕太阳的绝对的力比环绕地球的绝对的力大 8500 倍。

15
行星的视直径

根据类似的计算，我碰巧发现了一种各行星的力和行星大小的相似关系，但在解释这一相似关系之前，必须确定各行星在其到地球平均距离上的视直径。

弗拉姆斯蒂德先生使用千分仪测得木星的视直径为 40″或 41″，土星环的视直径为 50″，且太阳的视直径约为 32′ 13″。

根据惠更斯先生和哈雷博士的观测，土星视直径和土星环的视直径比为 4 比 9；伽列特给出的值为 4 比 10；而胡克［使用一架 60 英尺（1 英尺=0.3048 米）长的望远镜］给出的值为 5 比 12。取中间值，5 比 12，那么土星的视直径约为 21″。

16
视直径的校正

以上所说的都是视觉尺寸，但是由于光折射的不等性，望远镜中所有光点都会扩张，并且在物镜的焦点形成一个圆形空间，它的宽度约为物镜口径的五十分之一。

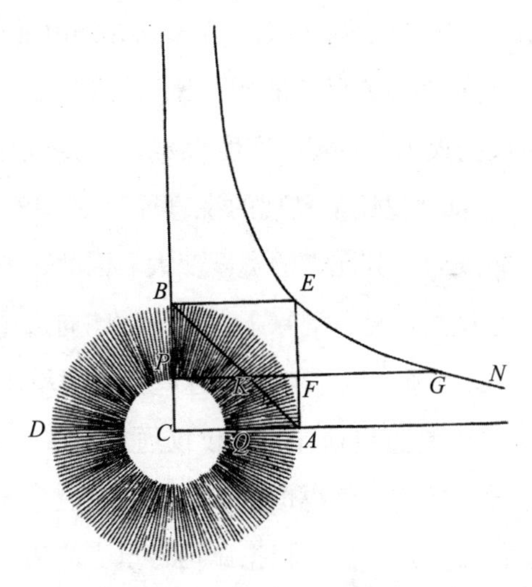

诚然，该空间的边缘处，光非常模糊以至于无法看到，但在中心位置处，光的强度较大，且足够被观察到，它形成了一个小

而明亮的圆形，其宽度随着发光点的亮度而改变，但一般约为整个宽度的三分之一、四分之一或者五分之一。

假设 *ABD* 表示整个光圈，*PQ* 表示较亮且较清晰的小光圈，*C* 是两者的中心，*CA* 和 *CB* 是大光圈的半径，在 *C* 点处成直角；*ACBE* 是这些半径围成的正方形，*AB* 是这个正方形的对角线；*EGN* 是以 *C* 为中心，*CA*、*CB* 为渐近线的双曲线；*PG* 是自直线 *BC* 上任意一点 *P* 所做垂线，并与双曲线相交于 *G*，与直线 *AB* 和 *AE* 相较于 *K* 和 *F*：那么在任意一点 *P* 的光强，根据我的计算，正比于直线 *FG*，因此光的强度在光圈中心无限大，而在靠近边缘时非常小。此外，*PQ* 内的总光量比 *PQ* 以外所有光量等于四边形 *CAKP* 的面积比三角形 *PKB* 的面积。而且我们需要知道的是，在划定 *PQ* 的位置，光强 *FG* 开始无法由视觉察觉到。

皮卡德先生使用 3 英尺长的望远镜观测位于 191382 英尺远的直径为 3 英尺的火焰，发现其宽度为 8″，但实际上应有 3′ 14″。因此较亮的恒星通过望远镜呈现的视直径有 5″或者 6″，且光斑清晰；但星光较弱时，其光斑的宽度变大。因此，类似地，赫维留通过减小望远镜的口径，消除了大部分的朝向边缘的光，使恒星光斑的边缘更加清晰，尽管削减了这些光，恒星还是呈现出 5″或 6″的视直径。但是惠更斯先生，仅仅通过一些烟尘遮盖目镜，有效地消除了散射的光，使得恒星仅显现为亮点，却无法观测其宽度。也是这位惠更斯先生，根据遮挡行星光的物体的宽度，断定它们的直径要大于其他人使用千分仪测得的值。这是因为散射的光在行星光强较大时无法被观测到，但当行星被遮挡时，却能向各个方向扩散得很远。最后，由于这个原因，当行星被投射到太阳的光盘上时，失去了散射光，所以看上去非常小。因此，赫维留、伽列特和哈雷博士认为，水星的视直径似乎不超过 12″或 15″；克赖伯特里先生认为金星的视直径只有 1′ 3″，霍罗克斯认为仅有 1′ 12″，由赫维留和惠更斯使用太阳光盘以外的测定方法，它至少应有 1′ 24″。1684 年，在日食前后的几天，巴黎天文台测得月球的视直径为 31′ 30″，而在月食时似乎不超过 30′或者 30′ 5″。因此在位于太阳范围内，行星的视直径会增大几秒，位于太阳的范围外，会减少几秒。但这项误差似乎小于千分仪在测量过程中产生的误差。于是，弗拉姆斯蒂德先生利用卫星食亏确定的阴影直径发现，木星半径比它最外侧卫星距其距离等于 1 比 24.903。由于该距角是 8′ 13″，所以木星的视直径是 $39\frac{1}{2}''$；再消去散射光，由千分仪测得的 40″或 41″的木星的视直径应减少为 $39\frac{1}{2}''$；由类似的校正可知，土星 21″的视直径被减少到 20″，或者一个更小的值。但是（如果我没有搞错的话），太阳的视直径，由于它的亮度更强，应该被减少得更多些，大约为 32′或者 32′ 6″。

17
为什么有的行星密度大，另一些密度小，但牵引它们的力都与其物质的量成正比

行星的大小差别很大，但牵引它们的力都与其质量成正比，这并非没有某种奥秘。

可能那些（距离太阳）遥远的行星，由于缺乏热而没有我们地球上丰富的金属物质和多种矿物质；金星和水星星体，由于其更多地暴露在太阳的炎热下，被炙烤得更厉害，因而更加紧密。

根据放大镜实验，我们得知温度随着光的密集度而增加，并且光的密集度按照距太阳距离平方的反比增加。因此水星上受到太阳的热量被证明七倍于我们在夏天受到的热量。但这种程度的热会使水沸腾，也会使那些较重的流体，例如水银和硫酸，逐渐蒸发，正如我用温度计测试过的。因此水星上不可能存在流体，而只有较重且能承受高热的物质，这些物质的密度非常大。

如果上帝曾经将不同的物体放置在距太阳不同的距离上，那为什么不使更致密的物体安置在更近的位置上，从而使每个物体

都达到满足它条件和构造的温度呢？根据这样的考虑，所有行星相互间的重量比等于它们的力之比是最好的。

但是，如果可以精确地确定行星的直径，我也会为之高兴。或许可以这样做，将一盏灯放在很远的距离上，使它的光透过一个圆形的小孔，小圆孔和灯光都如此减小，使得通过望远镜看到的像行星一样，并可以使用相同的方法加以测量：小孔的直径与它距望远镜物镜距离之比，等于行星的真实直径与它距我们的距离之比。或许在中间还可以放一块布或者烟熏过的玻璃来减弱光的亮度。

18
力和被吸引的物体之间的另一种类似关系在天体中被发现

本节将介绍与我们曾经描述过的观测到的力与被吸引物体之间的另一种类似关系。作用于行星的向心力按照距离平方的反比减小，而运行周期按照距离的二分之三次幂正比增大。显然，向心力的作用，同理于运行周期，对距太阳等距离的各个行星是相等的；而对于距离相同的不同行星，向心力的整体作用正比于行星本体。因为如果这些作用力不正比于行星本体，那么它们就无法在相等的时间内把这些行星从其轨道的切线上同等地拉回：如果环绕太阳的力没有按照重量的比例同等地作用于木星及其所有卫星上，那么木星及其卫星也绝不会做如此规律的运动。根据《自然哲学之数学原理》第一卷命题 65 推论 2 和推论 3，以上情况同样适用于土星及其卫星，以及地球与月球之间的关系。所以在同等距离上，向心力按照各星体的大小或者按照各星体所含物质的量同等地作用于它们之上。出于同样的理由，向心力也同等地作用于所有用来构成行星的尺寸相等的小部分上。因为如果在某一小部分的作用力按照它们物质的量比其他部分上的大，那么在整个行星上的作用力也会偏大或偏小，而不是正比于物质的量，而且还将类似地正比于某种物质的丰富与贫乏。

19
地球上的物体也可以证明

在地球上种类各不相同的一些物体中，我曾经十分仔细地检验过这种类似关系。

如果环绕地球的力的作用与被移动的物体成正比，那么它将（根据第二运动定律）在相等的时间内以相同的速度移动它们，并且使所有下落的物体在相等的时间内下落同样的距离，且使被相同长度的线悬挂的物体做周期相同的摆动。如果力的作用较大，摆动周期会较短；如果力的作用较小，摆动周期会较长。

但在很久之前人们就观察到，所有物体（允许忽略由空气阻力造成的误差）在相等时间内下落同样的距离，而且，借助于摆，能以极高的精确度来度量时间。

我曾经尝试用金、银、玻璃、沙子、食盐和小麦等做实验。我使用两个完全相同的木头盒子。我在一个木头盒子中放入木头，而在另一个振动中心位置悬挂一块相等重量（尽我所能地精确）的金。这两个盒子，都用 11 英尺长的线悬挂，制作成一对重量和形状完全相等，同时承受相同空气阻力效果的单摆，并且将它们并列放置，我观察到它们以相同振幅前后摆动了很久。因此（根据《自然哲学之数学原理》第二卷命题 24 推论 1 和 6），金的物质的量比木头的物质的量，如同所有施加在金上引起运动的作用力比所有施加在木头上引起运动的作用力，即如同金的重量比木头的重量。

通过这些实验，对于相同重量的物体，人们可以发现小于总重量千分之一的差异。

20
这些相似关系的一致性

因为向心力在被吸引物体上的作用，在相同距离上与那些物体中物质的量成正比，那么理所当然地是它也应该与吸引物体中物质的量成正比。

因为所有的作用力都是相互的，而且（根据第三运动定律）使物体互相靠近，所以在两个物体上的作用力必定是相同的。事实上，我们可以认为一个物体是吸引物体，另一个是被吸引物体；但这种区分方式与其说是自然的，不如说是数学的。这种吸引作用实际存在于两个物体之间，所以两者属于同一类型。

21
它们的一致性

因此，吸引力的作用，在吸引物体和被吸引物体中都有发现。太阳吸引木星和其他行星，木星吸引它的卫星；出于相同的原因，这些卫星之间相互作用，也对木星有作用，而且所有的行星之间也存在相互作用。

尽管两颗行星之间的相互作用能区分且被认为是两项，由其中一颗吸引另一颗，然而由于这些作用存在于两者之间，它们并非在两者之间造成两种而是一种效果。两个物体可能通过两者之间一根绳子的收缩而相互吸引。该作用存在两重原因：两个物体的排列，以及只要认为两个物体受到作用就有双重作用；但由于处于两个物体之间，它是一种且唯一的作用。并非是太阳由一种作用吸引木星，木星由另一种作用吸引太阳，而是太阳和木星之间的一种相互作用使两者相互靠近。通过太阳吸引木星的作用，木星和太阳试图相互靠近（根据第三运动定律），通过这种作用，木星吸引太阳，同样使木星和太阳试图相互靠近。但是太阳既不是由一种双重作用被木星吸引，木星也不是由一种双重作用被太阳吸引，而是一种位于两者之间的单一作用，在这种作用下，太阳和木星相互靠近。

如同这般，铁牵引磁石，正如磁石牵引铁：因为磁石周围的铁也吸引着其他的铁。但是磁石和铁之间的作用是唯一的，其唯一性也被哲学家认同。事实上，铁对磁石的作用正是磁石本身与铁之间的作用，这种作用使两者靠得更近，正如它明显表现出来的，因为如果你将磁石移开，铁的作用力几乎全部消失。

在这种意义上，我们应将这种存在于两颗行星之间的单一作用视为两者的共同性质使然。这种作用对两者保持相同的关系，如果它正比于其中一颗行星中的物质的量，那么也应正比于另一颗行星中的物质的量。

22
对于非常小的物体来说这种力是察觉不到的

根据前文描述的哲学，所有物体之间都应该互相吸引可能会遭到反对，这是因为它与地球上的物体的实验证据相反。但我要解释的是，不能依赖于地球上物体的实验结果。这是因为均匀球体在其表面的吸引作用正比于其直径（根据《自然哲学之数学原理》第一卷命题 72）。因此，一个直径 1 英尺的性质如同地球一样的球体，对放置在其表面的小物体的吸引力，比地球的吸引力小 2000 万倍。但是如此小的力无法产生足以被感觉到的效果。如果两个这样的球相距仅 0.25 英寸（1 英寸 =2.54 厘米）时，即使在没有阻力的空间中，在一个月的时间内也无法由它们相互的吸引力而靠在一起。较小的球靠近的速度更慢，即正比于它们的直径。不仅如此，整座山也不足以产生任何足以感受到的效果。一座 3 英里高、6 英里宽的半球形山峰，它的吸引力不足以将单摆拉离其垂线 2′；只有在行星尺寸的物体上，这些力才能被感受到，除非我们以下节的方式分析小的物体。

23
指向地球上所有物体的力正比于它们的物质的量

设 *ABCD* 为地球表面，被任意平面 *AC* 切分为 *ACB* 和 *ACD* 两部分。靠在 *ACD* 部分上的 *ACB* 部分以其全部重量挤压 *ACD*。如果 *ACD* 部分不能以相等且相反的压力对抗，那么它将无法承受 *ACB* 部分的压力且继续保持不动。所以，这两个部分以它们的重量相等地互相压迫对方，即根据第三运动定律，相等地互相吸引；如果它们被分离并释放，它们将以与其本体成反比的速度相互靠近。以上这些我们可通过磁石去验证和理解，被吸引的部分并不推动吸引的部分，而只是在附近停靠在一起。

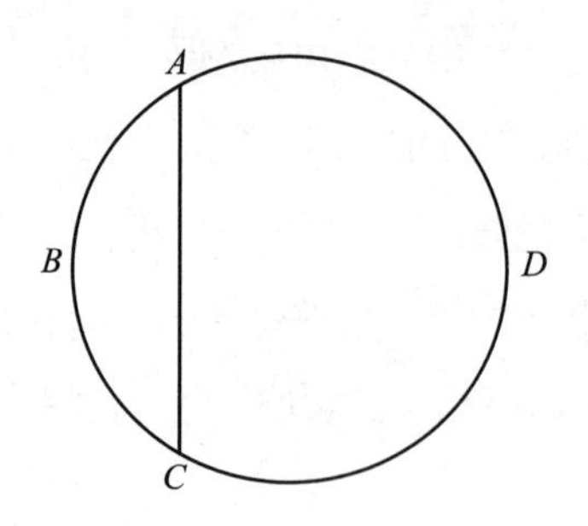

现在假设 *ACB* 是地球表面上的某个小物体，那么因为这一小部分和其余部分 *ACD* 之间的相互作用是相等的，但这一小部分朝向地球的吸引力（或者说它的重量）正比于其物质的量（正如我们在单摆实验中所证明的），则地球朝向这一小部分的吸引力同样正比于这一小部分的物质的量。所以，地球上所有物体的吸引力都正比于它们各自的物质的量。

24
关于同样的力指向天上物体的证明

所以，与地球上各种形态物体中物质的量成正比的力，并不随着形态的变化而变化，它一定可以在所有物体的全部种类中被发现，无论是天上的物体还是地球上的，都和它们中物质的量成正比，因为在它们之中没有本质的不同，而只有形式和形态的区别。关于天体，同样的事已经被证明。我们已证明环绕太阳的力在所有行星上的作用（假设距离相同）正比于行星的物质的量。环绕木星的力在木星卫星上的作用遵从同样的规律，这一规律还适用于所有的行星对任一行星的吸引，由此得出（根据《自然哲学之数学原理》第一卷命题 69）它们的吸引力正比于各自的物质的量。

25

吸引力从行星表面向外按照到行星中心距离的平方反比递减，向内则按照到行星中心距离的平方正比递减

地球的各个部分相互吸引，所有行星也都一样。如果木星和它的卫星被集合在一起组成一个球体，那么它们肯定会如同之前一样互相吸引。另外，如果木星的本体被分解为很多球体，那么这些球体之间的吸引力肯定不弱于它们现在对卫星的吸引力。这些吸引力存在的前提是地球以及其他行星呈球体存在，它们各部分凝聚在一起，且在穿过以太的过程中不会分散。但是我们已经证明过这些力来源于物质普遍的本性，因此，任何一个完整球体的力都来自于组成它的各部分的力。由此（根据《自然哲学之数学原理》第一卷命题 74 推论 3）得出，每个微粒的力都与距这个微粒的距离的平方成反比；同时（根据《自然哲学之数学原理》第一卷命题 73 和命题 75）一个完整球体的力，假设球体物质是均匀的，从球体表面向外算起，按照距球体中心距离的平方反比

减小，但从球体表面向内算起，可简单地按照距球体中心距离的一次方减小。当球体的物质自球体中心到表面不均匀时（根据《自然哲学之数学原理》第一卷命题 76），表面向外的力仍然按照距球心距离的平方反比减小，只要质量的不均匀性在距球心等距的位置是相同的。两个这样的球体（根据同一命题）将按照其中心之间距离的平方反比减小的力相互吸引。

26
这种力的强度以及在各种情况下引起的运动

所以，每个球体的绝对的力正比于其中所含物质的量。但是使一个物体被吸引向另一个物体的运动力，对于地球上的物体，我们通常称之为重量，正比于两个球体中物质的量除以它们中心之间的距离的平方（根据《自然哲学之数学原理》第一卷命题 76 推论 4）。而且加速的力，由一个球按照其所含质量向着另一个球体被吸引（根据《自然哲学之数学原理》第一卷命题 76 推论 2），正比于另一个球体中物质的量除以两个球体中心之间距离的平方；在给定时间内，由这个力吸引移向另一个球的速度与这个力成正比。在很好地掌握这些原理后，就容易确定天体之间的运动。

27
所有行星都围绕太阳运行

通过以上比较行星相互之间的力，我们可以得出环绕太阳的力超过环绕其他所有行星的力 1000 倍。在如此巨大的力量的作用下，行星系统内以及远在这个系统以外的所有物体，都不可避免地直接落向太阳，除非存在其他运动使它们被推向其他地方。我们的地球也不能被排除出这样的天体之列。月球无疑具有和行星一样的性质，也与其他行星一样受到吸引力作用，是环绕地球的力使它保持在轨道上。但我们之前已经证明过地球和月球被同等地吸引向太阳，我们在上文同样已证明所有的物体都由上述的吸引定律所支配。而且，假设这些天体中任何一个的环绕太阳的圆周运动消失，根据该天体距太阳的距离，我们可以（根据《自然哲学之数学原理》第一卷命题 36）得出它将在多久降落至太阳，即该天体在原来距离一半处运行周期的一半，或者该时间比行星的运行周期为 1 比 $4\sqrt{2}$。于是，金星将在 40 天后下坠至太阳，木星需要两年零一个月的时间，地球和月球一起需 66 天零 19 小时下坠至太阳。但是这些事并没有发生，原因在于这些天体存在朝着其他方向的运动，并非所有运动都能实现。为了阻止下坠，需要一个合适的速度比例，且依赖来自行星迟滞运动的力。除非环绕太阳的力按照它们这种不断减慢的平方正比减小，这些天体还是会在额外力的作用下朝着太阳坠落。例如，如果行星的运动（其他条件不变）速度被迟滞了一半，那么行星在其轨道上会受到之前环绕太阳的力的四分之一，而其余四分之三的力会使它向着太阳坠落。因此，行星（土星、木星、火星、金星和水星）在它们的近地点实际上都没有真正被迟滞，也不会真正的停止或者以缓慢的速度逆行。所有这些现象都存在于表象，而使行星沿着轨道持续运行的绝对运动总是顺向的，而且差不多是均匀的。我们已经证明，这样的运动是围绕太阳进行的，所以太阳作为绝对运动的中心，是静止的。因为我们无法将完全静止赋予地球，以免各行星在近地点真的被迟滞，并且真的发生静止和逆行，从而失去运动向着太阳下坠。另外，由于各行星（金星、火星、木星以及其他行星）由向太阳所引半径画出规则的轨道，且面积（正如我们所证明的）几乎和运行周期成正比，因此（根据《自然哲学之数学原理》第一卷命题 3 和命题 65 推论 3）太阳不会因显著的力而被移动，除非各行星按照其物质的量，沿着平行线使每个行星被同等的力移动，使整个行星系统发生平移，太阳在这个系统的中心是相对静止的。如果太阳围绕地球运行，并且带动其他行星围绕它自身运动，则地球应以一个非常大的力来吸引太阳，但环绕太阳的行星没有产生任何显著效果的力，这与《自然哲学之数学原理》第一卷命题 65 推论 3 相矛盾。迄今为止，大部分学者因为地球各部分的重力，将其放置于宇宙中最低的位置。目前，出于更好的理由，即太阳的向心力比地球的高 1000 多倍，太阳应该被放置于最低的位置，并作为整个宇宙的中心，这样整个宇宙系统才能便于被人们完全且准确地理解。

28
对太阳运动的解释：所有行星和太阳的公共重心是静止的，太阳非常缓慢地运动

由于恒星之间相对静止，我们可以将太阳、地球以及其他行星视作一个天体系统，它们相互间向着各个方向进行不同的运动，那么这个系统的公共重心（根据运动定律推论 4）要么保持静止，要么沿一条直线匀速运动。关于后一种情形，整个系统类似地沿着一条直线匀速运动，但这是一种难以被接受的假设。因此，我们排除掉这一假设，认为该公共重心是静止的，太阳绝不会远离它。太阳和木星的公共重心位于太阳表面。即便所有行星和木星一起被放置在太阳的同一侧，太阳和行星的公共重心也不会超过它到太阳中心的两倍远。所以尽管太阳由于行星的不同位置而受到不同的推动，并且缓慢地摇摆来回漫游，但是从不会偏离整个系统的中心超过一个太阳的直径那么远。而且根据之前确定的太阳和行星的重量，以及它们之间的相对位置，就可以得出它们的公共重心，这个位置一旦被确定，就能得到任意时间太阳的位置。

29
行星沿焦点位于太阳中心的椭圆轨道运行；且行星向太阳所引半径画出的面积与时间成正比

正如《自然哲学之数学原理》第一卷命题 65 所解释过的，其他行星围绕着如此摆动的太阳沿着椭圆轨道运行，其向太阳所引的半径画出的面积近似与时间成正比。如果太阳是静止的，其他行星之间无相互作用，那么它们的轨道就是椭圆形，且（向太阳所引半径画出的）面积与时间严格成正比（根据《自然哲学之数学原理》第一卷命题 11 和命题 68 的推论）。但是行星之间的相互作用与太阳对行星的作用相比，是无足轻重的，它们会产生察觉不到的误差。关于这种误差，行星在围绕被推动的太阳运行时比围绕静止的太阳运行时要小（根据《自然哲学之数学原理》第一卷命题 66 和命题 68 的推论），特别是如果每个行星轨道的焦点都放置在较低行星的公共重心上：水星的轨道焦点位于太阳中心；金星的轨道焦点位于水星和太阳的公共重心上；地球的轨道焦点位于金星、水星和太阳的公共重心上；其他行星亦是如此。根据这种方式，除了土星以外，所有行星轨道的焦点都不会明显偏离太阳的中心，土星轨道的焦点也不会明显偏离木星和太阳的公共重心。所以，当天文学家将太阳中心视作所有行星轨道的公共焦点时，他们也并未远离真理。土星自身引起的误差不超过 1′ 45″。而且如果木星轨道的焦点位于木星和太阳的公共重心上，会与天文观测符合得更好，这进一步证明我们上述的结论。

30
轨道的尺寸及其远日点和交会点的运动

如果太阳是静止的，且行星之间不相互作用，那么（由《自然哲学之数学原理》第一卷命题 1、命题 11 和命题 13 的推论）它们轨道的远日点和交会点也保持静止，它们椭圆轨道的长轴（根据《自然哲学之数学原理》命题 15）正比于其运行周期平方的立方根，所以可以由给定的运行周期得出。但是这些时间并非是自移动的二分点起测量的，而是从白羊座的第一颗星起测量的。设地球轨道的半轴长度为 100000，那么可根据运行周期得出土星、木星、火星、金星和水星的轨道半轴长度分别为 953806、520116、152399、72333、38710。但由于太阳的运动，每条半轴（根据《自然哲学之数学原理》第一卷命题 60）应增加太阳中心距太阳和该行星公共重心距离的三分之一。又因为外侧行星对内侧行星的影响，内侧行星的运行周期被稍延长，尽管是一个很微小的量；（根据《自然哲学之数学原理》第一卷命题 66 推论 6 和推论 7）它们的远日点会以非常缓慢的速度向前移动。基于同样的理由，所有行星，特别是外侧行星的运行周期会因彗星的影响而延长，如果在土星的轨道以外存在这样的彗星，那么所有行星的远日点都会被牵引着移动。但由于远日点的移动,(根据《自然哲学之数学原理》第一卷命题 11 和命题 13）交会点发生退移。而且如果黄道平面是静止的,(根据《自然哲学之数学原理》第一卷命题 66 推论 16)，在每条轨道上，交会点的退移比远日点的移动近似等于月球轨道交会点的退移比远日点的移动，即大约等于 10 比 21。但天文观测似乎证明，相比于恒星，远日点的移动和交会点的退移都非常缓慢。因此，可能在行星区域以外存在着彗星，它们沿着非常偏心的轨道运行，快速掠过其轨道的近日点一侧，并在远日点位置运动极为缓慢，且在大部分的运行周期内都在行星区域以外度过，我们将在后文中做更加详细的解释。

31

基于前述原理推导出迄今为止天文学家观察到的月球的所有运动

围绕太阳运行的行星，也可以同时携带围绕它们本身运行的卫星，正如《自然哲学之数学原理》第一卷命题 66 所提到的。但由于太阳的作用，我们的月球必须以更大的速度运动，而且其向地球所引半径，在同等时间内会掠过更大的面积；它的运行轨道的弯曲程度更小，且由此它的朔望点比方照点更加靠近地球，除非它的偏心运动阻碍了这些效应。由于当月球的远地点位于朔望点时其偏心率最大，当远地点位于方照点时偏心率最小，近地点的月球在朔望点比在方照点运动得更快且距我们更近，而远地点的月球在朔望点比在方照点运动得更慢且距我们更远。另外，远地点会发生前移，而交会点会发生退移，这两者并不相等。因为远地点的前移在其朔望点更迅速，在其方照点的退移更缓慢，前移对退移的超出造成了其每年向前移动；但是交会点在其朔望点保持静止，但在方照点的退移最快。而且，月球在方照点的最大纬度大于其在朔望点的，它在地球远日点时的平均速度比在地球近日点时的快。还有其他迄今未被天文学家注意到的关于月球的不等性，但都遵从于《自然哲学之数学原理》第一卷命题 66 的推论 2 到 13，并且在天空中实际存在。如果我没有出错的话，以上都可以在霍罗克斯先生最奇妙的假说中找到，弗拉姆斯蒂德先生证明了它与天体的运动严格一致。但应对这一天文学假设关于交会点的运动加以修正，因为交会点在八分点位置容许了最大差或补充，这一不等性在月球位于交会点时最为明显，因此在八分点位置时也是如此。于是，第谷以及后来的人将这一不等性归因于月球的八分点，且认为它每月发生变化。但是基于我们引入的原理，这种不等性应该源于交会点位于八分点，且是每年变化的。

32
推导出迄今为止尚未被观察到的月球运动的几种不等性

在已被天文学家注意到的不等性以外，还有其他某些不等性，它们对月球的运行造成扰动，使月亮运行的规律迄今为止仍无法被任何规则精准地约化。月球远地点和交会点的移动速度或每小时运动及其均差，以及位于朔望点时的最大偏心率和位于方照点时的最小偏心率之间的差，还有被我们称之为“变差”的不等性，在一年时间内与太阳视直径立方增减成正比（根据《自然哲学之数学原理》第一卷命题 66 推论 14）。此外，变差（根据《自然哲学之数学原理》第一卷引理 10 推论 1 和推论 2 以及命题 66 推论 16）近似正比于两个方照点之间时间的平方。所有这些不等性在轨道面向太阳的部分比背对太阳的部分稍大一些，只是差别很小或者无法察觉。

33 在给定时刻月球到地球的距离

通过计算，出于简明起见我没有对其描述，我发现由月球向地球所引半径在若干相等时间内掠过的面积近似正比于数字 $237\frac{3}{10}$ 与在半径为 1 的圆上的月球离开最近方照点二倍距离的正矢的和。因此月球到地球距离的平方正比于该和除以月球的小时运动。如果变差在八分点时则等于其平均值，但如果变差较大或较小，那么该正矢必定按照相同的比例增大或减小。期望天文学家尝试这样求出的距离与月球的视直径非常精确地相符。

34 根据月球的运动可以导出木星和土星的卫星的运动

根据月球的运动我们可以推导出木星和和土星的卫星的运动。因为根据《自然哲学之数学原理》第一卷命题 66 推论 16，木星最外侧卫星的交会点的平均运动比我们月球交会点的平均运动，等于地球围绕太阳的运行周期比木星绕太阳的运行周期的二次比，再乘以那颗卫星围绕木星运行周期比月球围绕地球运行周期之比，所以在 100 年内，这些交会点会后移或前移 8° 24″。根据同一推论，内侧卫星交会点的平均运动比外侧卫星交会点的平均运动，等于它们的运行周期比最外侧卫星的运行周期，因而可以被求出。根据同一推论，每颗卫星轨道回归点的前移比交会点的后移，等于月球远地点的运动比交会点的运动，因此也可以被求出。每颗卫星轨道的交会点和回归点的最大的差比月球交会点和回归点的最大的差，分别等于在前一个差的一次循环时间中卫星轨道的交会点和回归点的运动比在后一个差的一次循环时间中月球的交会点和远地点的运动。根据同一推论，从木星上看到的木星卫星的变差比月球的变差，在木星卫星和月球分别（自离开太阳之后）绕回太阳的时间内，正比于它们交会点的总运动，因此外侧卫星的变差不会超过 5″ 12‴。由于这种不等性非常小，交会点和回归点运动得也很缓慢，木星卫星的运动如此规则，以至于多数当代天文学家要么否定交会点的运动，要么坚持认为它们非常缓慢地逆行。

35

行星相对于恒星围绕自身的轴均匀地转动，这些运动可用于时间的度量

当行星沿其轨道围绕遥远的中心运行的同时，它们还围绕适当的轴旋转：太阳 26 天，木星 9 时 56 分，火星 $24\frac{2}{3}$ 小时，金星 23 小时。行星旋转所在的平面与黄道平面偏离不大，并可以由天文学家根据黄道十二宫的顺序加以确定，而且我们的地球也做类似的旋转，周期为 24 小时。根据《自然哲学之数学原理》第一卷命题 66 推论 22，这些运动不受向心力的作用加速或减速。因此在所有运动中，这种运动是最均匀的且最适于度量时间。只是这种运动的均匀性是相对于某颗恒星，而不是相对于太阳，因为行星的位置相对于太阳并非均匀变化，所以那些行星相对于太阳的旋转也不是均匀的。

36
月球以相同的方式每日围绕自身的轴旋转，由此产生了天平动

月球以类似的方式相对于恒星进行非常均匀的运动，即 27 天 7 小时 43 分，即在一个恒星月内运行一周，因此月球的自转等于其在轨道上的平均运动。出于这个原因，月球的同一面总是朝向该平均运动围绕的中心，也就是近似为月球轨道的外焦点，且因此造成月像有时向东，有时向西偏离地球，该偏离等于月球轨道的差，或者等于月球的平均运动与实际运动之间的差，也就是月球在经度上的天平动。但是月球也类似地受到纬度天平动的影响，这种影响源于月球的轴相对于绕地球运行轨道的倾斜，因为该轴相对于恒星保持位置不变，因此月球的两级会轮流被我们观察到。我们也可以通过地球运动的例子进行理解，由于地球的轴同样相对于黄道平面倾斜，它的两极轮流被太阳照亮。如何精准确定月球的轴对恒星的位置及其变化，这一问题对天文学家很有价值。

37
地球和行星的二分点的进动以及其轴的天平动

由于行星自转，它们之中的物质都有离开自转轴的趋势，且因此流体部分在赤道处高于两极处，如果那些部分没有这样升高，靠近赤道的陆地部分将会位于水下，由于这个原因行星在赤道附近比在两极更厚，在二分点则发生逆行。它们的轴在每次运行中会由于两次章动向黄道摆动，又两次返回到它们之前的角度，正如在《自然哲学之数学原理》第一卷命题 66 推论 18 中所解释的。因此，通过很长的望远镜观察木星，会发现它并不完全是圆形的，而是平行于黄道的直径比由北到南画出的直径稍长。

38
海洋每天必定涨落各两次，最高水位发生在日月靠近当地子午线后第三小时

由于地球的自转以及太阳和月球的吸引,（根据《自然哲学之数学原理》第一卷命题 66 推论 19 和推论 20）海洋每天应涨两次潮并且落两次潮，既有月亮潮汐也有太阳潮汐，而且最高水位都发生在每天的第六小时之前或者前一天的第十二小时之后。由于地球的自转较慢，涨潮会在第十二小时回落，又由于往复运动的影响，被延长且拖延到第六小时的某一时刻。但在根据现象精准确定之前，我们为何不选在起始点中间，并猜想最高的水位发生在第三小时呢？按照这样，海水在太阳和月球的吸引力较大的时间内水位较高，而在吸引力较小时持续落潮。也就是说，从第九小时到第三小时吸引力较大，而从第三小时到第九小时吸引力较小。我从太阳和月亮到达所在地的子午线起计算时间，无论日月位于地平线之上还是之下，以上所说的小时指的是月球日

的$\frac{1}{24}$，所谓月球日，即月球由它的视自传运动返回到当地子午线所用的时间。

39
潮汐在日月位于朔望点时最大，在日月位于方照点时最小，且在月球到达子午线后的第三小时发生；除了朔望点和方照点，潮汐会在太阳到达中天后的第三小时发生

太阳和月球引起的运动不是独立的，而是造成一种复合运动。当日月位于对点或者会合点位置时，它们的力合并，造成最大的涨潮或落潮。在方照点时，海水被太阳升起而被月球下压，被太阳下压而被月球升起，它们的作用力之差产生了最小的潮汐。又因为（正如经验所告诉我们的）月球的力大于太阳的力，海水的最高水位大约发生在第三月球时。在朔望点和方照点以外，由月球影响产生的最大的潮汐发生在第三月球时，由太阳影响产生的最大潮汐发生在第三太阳时，由两者合力影响产生的最大的潮汐必定在这两个时间点中间靠近第三月球时的某个时间点。因此，当月球由朔望点移向方照点的过程中，第三太阳时早

于第三月球时，最大的潮汐比第三月球时早一个最大间隔，稍迟于月球达到八分点；当月球从方照点到朔望点的过程中，最大潮汐比第三月球时晚同样的间隔。

40
日月距地球最近时潮汐最大

太阳和月球对地球的影响取决于它们距地球的距离。距离较近时，影响较大，距离较远时，影响较小，且该影响正比于它们视直径的三次方。所以，太阳在冬季时位于近地点，影响较大，在朔望点时潮汐最大，在方照点时潮汐最小，夏天作同等相反变化。在每个月，当月球位于其近地点时，造成的潮汐比十五天之前或以后位于远地点时的潮汐更大。因此两次最大的潮汐并不会接连发生在两个相邻的朔望点。

41
二分点前后的潮汐最大

太阳和月球的作用还类似地取决于它们相对于赤道的倾角或距离。如果将太阳或月球放置于地球的一极，它会不断地吸引所有海水，其作用不会发生增减，并不会引起运动的往复。所以，当太阳或月球从赤道向任一极倾斜，它们的力将会逐渐减弱，因此在二至朔望点引起的潮汐小于在二分朔望点引起的潮汐。但它们在二至方照点引起的潮汐大于在二分方照点引起的潮汐。由于月球此时位于赤道，因此其作用一定超过太阳。所以最大的潮汐发生在二分点附近的朔望点，而最小的潮汐发生在方照点。朔望点最大的潮汐后总紧随着方照点最小的潮汐，这与我们的经验符合。但由于太阳在冬天比在夏天时距地球更近，所以最大和最小的潮汐在春分前比春分后出现得更频繁，而在秋分后比秋分前出现得更频繁。

42
在赤道以外潮汐的大小交替变化

此外，太阳和月球的影响还取决于纬度。设 *ApEP* 为被深水完全覆盖的地球；*C* 是地球的中心；*P* 和 *p* 是地球的两极；*AE* 表示赤道；*F* 是赤道外任一点；*Ff* 表示 *F* 点的纬度线；*Dd* 是赤道另一侧对应的纬度线；*L* 是月球三小时前占据的位置，*H* 是 *L* 正下方地球的位置，*h* 是 *H* 在地球另一侧相对的位置；*K*、*k* 是其相距 90 度的位置；*CH*、*Ch* 是海洋距地球中心的最大高度，且 *CK*、*Ck* 是最小高度。如果以 *Hh*、*Kk* 为轴画一个椭圆，并围绕其长轴 *Hh* 旋转形成一个椭球 *HPKhpk*，那么这个椭球可以近似表示海洋的形状，且 *CF*、*Cf*、*CD*、*Cd* 分别表示 *F*、*f*、*D*、*d* 位置的海洋。

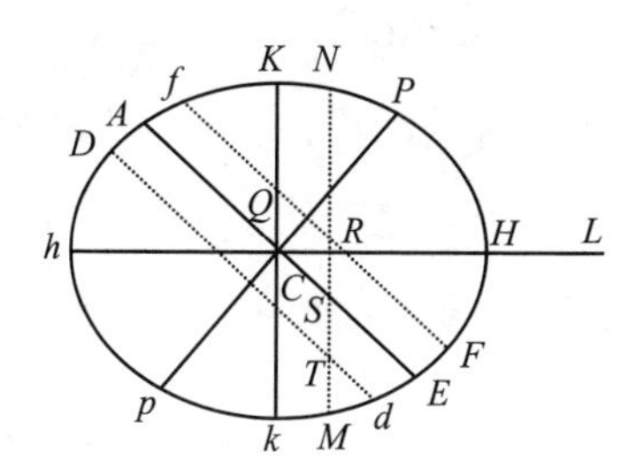

然而，如果在上述椭圆的转动中任意点 *N* 画出圆 *NM*，与纬度线 *Ff*、*Dd* 相交于任意点 *R*、*T*，且与赤道 *AE* 相交于 *S*，那么 *CN* 表示这个圆上所有点 *R*、*S*、*T* 的海水高度。因此，在任意点 *F* 的自转过程中，最大的涨潮将发生在 *F* 点，发生于月球在地平线上方靠近那条纬度线后第三小时；此后最大的落潮发生在 *Q* 点，发生于月球落下后第三小时；然后最大的涨潮发生在 *f* 点，发生于月球在地平线下方靠近那条纬度线后第三小时；最后，最大落潮发生在 *Q* 点，发生于月球升起后第三小时；而且在 *f* 点的后一次涨潮小于 *F* 点的前一次涨潮。因为整个海洋被分为两个巨大的半球形潮流，一半位于北边的半球 *KHkC*，另一半与 *KHkC* 相对，我们将其称为北方潮流和南方潮流。这些潮流总是彼此相对，以 12 个月球时为间隔轮流到达所有地方的纬度线。北方地区多受到北部潮流的影响，南方地区多受到南部潮流的影响，因此，赤道以外太阳和月球升起和落下的位置，较大和较小的潮汐交替出现。但较大的潮汐发生在月球趋向当地天顶点时，发生于月球在地平线上方经过当地纬度线后第三小时。当月球的倾角发生改变，较大的潮汐变成较小的潮汐，且这些潮汐之间最大的潮差发生在二至前后，尤其是当月球的上升交会点靠近白羊座开端时。因此，冬季早上的潮汐强于傍晚的潮汐，夏季晚上的潮汐强于早上的潮汐。根据科尔普赖斯和斯托尔米的观测，在普利茅斯港的潮水高 1 英尺时，布里斯托港的潮水高 15 英寸。

43

持续施加的运动使潮差减小，最大的潮汐可能是每月朔望后的第三次潮汐

由于水的惯性可以将太阳和月球的作用在短时间内维持，因此上述运动会减弱。所以，即使太阳和月球的作用消失了，潮汐也能持续一段时间。这种维持施加运动的能力减弱了前后的潮差，使紧随朔望之后的潮汐更大，使紧随方照点之后的潮汐更小。因此，普利茅斯港和布里斯托港前后的潮差不超过 1 英尺或 15 英寸。最大的潮汐并不是朔望点第一次，而发生在第三次。

此外，所有的潮汐运动在其通过浅滩时被阻碍，这造成在一些海峡和河流入海口的最大潮汐发生在朔望点后的第四次，甚至是第五次潮汐。

44
海洋运动因受到海底阻碍而迟滞

最大潮汐发生在朔望点后的第四次或第五次潮汐，或者更晚，这是因为潮汐运动在通过浅滩冲向海岸时会受到阻碍。因此潮水在第三月球时到达爱尔兰的西海岸，比在同一岛上南海岸的港口晚到一个或两个小时。卡西特里底岛，通常被称为索林斯岛，情况便是如此。然后潮汐相继到达法尔茅斯、普利茅斯、波特兰、怀特、温彻斯特、多弗尔、泰晤士河河口和伦敦桥，全程用时 12 小时。当海水没有足够深时，潮汐的传播甚至会被海底的沟壑阻碍，即无法像加那利群岛以及整个朝向大西洋的西海岸（例如爱尔兰、法国、西班牙、整个非洲直至好望角）那样，除了在一些浅的位置由于海水受阻，涨潮发生得较晚外，涨潮都发生在第三月球时。直布罗陀海峡受到地中海传播的影响，涨潮较早。潮汐经过大西洋达到美洲海岸，大约在第四或第五月球时，首先到达巴西的最东岸，然后在第六小时到达亚马孙河的河口，但是在第四小时到达附近的岛屿；之后在第七小时到达百慕大群岛，在第七小时半到达佛罗里达的圣奥古斯丁港。所以，潮汐在海洋中传播的速度比它应遵循的月球运动缓慢，这种阻碍作用是非常必要的，这使得海洋可以在巴西和新法兰西之间落潮，而同时在加那利群岛以及在欧洲和非洲涨潮，或者相反。因为一个位置涨潮时，必定有其他位置在落潮。太平洋可能也遵循同样的规律，因为据说在智利和秘鲁的海岸，最高潮位发生在第三月球时。但我还不了解，它是以怎样的速度抵达日本的、菲律宾的和邻近中国的其他岛屿的东海岸。

45
海底和海岸的阻碍会导致各种现象，例如海水可能每天涨潮一次

此外，潮汐可能会从海洋经不同通道到达同一个港口，在通过其中一些港口时可能比通过其他港口时更快，在这种情况下，同一次潮汐可被分成两个或多个连续发生的潮汐，而这些潮汐又会合并成不同种类的新运动。让我们设想将一次潮汐被分成两次相等规模的潮汐，其中前者比后者早六个小时，并且在月球经过港口的子午线后的第三或第二十七小时发生。如果月球在这次经过子午线时还位于赤道上，那么这里每隔六小时产生相等的涨潮，这些潮水会与相等数量且相等规模的落潮相遇，两者相互抵消以至于水面保持平静。如果月球在那时候偏离赤道，那么海洋中将交替出现较大和较小的潮汐，正如前文所描述的。而且海洋中发生的两次较大的和两次较小的潮汐会交替传向该港口。但是两次较大的涨潮会在它们中间的时刻形成最高水位，在较大的涨潮和较小的涨潮中间的时刻会形成平

均水位，在两次较小的涨潮中间的时刻形成最小水位。因此，在 24 小时内，海水并非两次，而是仅有一次到达最大水位，一次到达最小水位。如果月球向上天极偏斜，最大水位将发生在月球经过当地子午线后的第六或第三十小时，而且如果月球的赤纬发生改变，该涨潮将变成落潮。

关于以上所述存在一个例子，在东京王国（17 世纪的一个封建王国，位于今天的越南）的巴特莎港，具体位于北纬 20° 50′。在该港口，在月球越过赤道上方后一天，海水保持平静；当月球向北偏斜时，海水开始涨潮和落潮，但不同于其他港口每天发生两次，而是一天一次；在月球下落时，涨潮开始；当月球升起时，落潮最大。该潮汐随着月球的赤纬增大而增大，直到第七天或第八天；然后在后续的七天或八天内，潮汐减弱，减弱的速度同之前增加的速度相同，直至月球的赤纬发生改变时停止。在此之后，涨潮立即变成落潮，因此落潮发生在月球落下之时，而涨潮发生在月球升起之时，直到月球的赤纬再次发生改变。从海洋到该港口有两条通道：其一是更直接且更短的位于中国海南岛和广东省之间的通道，另一条通道位于海南岛和交趾（旧地名，位于今天的越南）的海岸之间。通过更短的通道，潮汐可以更快地传播到巴特莎。

46
潮汐在海峡中的时间比在海洋中的更不规则

河道中的涨潮和落潮依赖于河流，河流可以阻碍海水的进入，并且迫使它们退回海洋，能延迟和减缓海水的进入，并使海水更早更快地退回。因此退潮比涨潮持续更久，特别是距河流源头较近的位置，在那里大海的力量相对较小。斯特米这样告诉我们，在布里斯托下游 3 英里的埃文河，河水涨潮仅 5 小时，但落潮持续 7 小时。毫无疑问，这样的差异在卡勒山姆或巴斯，比在布里斯托更大。类似地，该差异依赖于涨潮和落潮的规模大小。因为临近太阳和月亮的朔望点时，海洋的运动会更加剧烈从而更容易克服河流的阻碍，于是海水可以较早且更持续地流入河流，并因此减少该差异。但当月球靠近朔望点时，河道水位很高，其水流由于较大的潮汐而受阻，因此朔望点稍后时对海洋退潮的延迟比稍早于朔望点时的大。因此在所有的潮汐中，最慢的并不发生在朔望点，而是稍早于朔望点的时间。根据我对以上的观察，朔望点的潮汐也受到太阳力的延迟作用。由于以上两种作用的共同影响，潮汐的延迟在朔望点之前更大且更早。以上研究都基于弗拉姆斯蒂德先生根据大量观测编制的潮汐表。

47
广阔且较深的海洋中潮汐更大，陆地沿岸的潮汐比海中岛屿附近的更大，具有宽入口的浅海湾处的潮汐更大

潮汐发生的时间由上文所描述的定律支配，但是潮汐的大小依赖于所处海洋的大小。假设 *C* 点是地球中心，*EADB* 代表椭圆形海洋，*CA* 表示椭圆的长半轴，*CB* 垂直于 *CA*，是椭圆的短半轴，*D* 是 *A* 和 *B* 之间的中点，且 *ECF* 或 *eCf* 是基于地球中心的角，对应着海岸的终点 *E*、*F* 或者 *e*、*f*。现在设 *A* 点位于 *E*、*F* 点正中间，*D* 点位于 *e*、*f* 点正中间，如果高度 *CA* 和 *CB* 之间的差代表环绕地球的深海中潮汐的大小，那么高度 *CA* 比高度 *CE* 或 *CF* 超出的部分

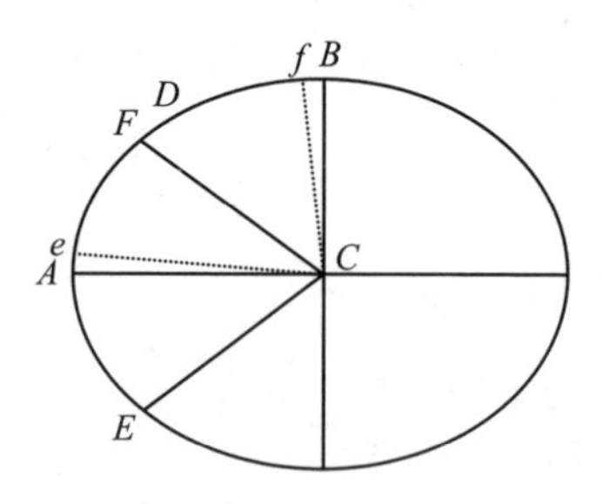

可以表示海洋 *EF* 产生的终止于海岸 *E*、*F* 中点的潮汐的大小；而高度 *Ce* 比高度 *Cf* 超过的部分可以表示同一海洋在海岸 *f* 位置潮汐的大小。因此，显然在海洋中心的潮汐远小于海岸处的潮汐。而且在海岸的潮汐差不多等于 *EF*，海洋的宽度不超过四分之一个圆弧。在非洲和美洲之间，临近赤道的海洋相对狭窄，因此那里的潮汐远小于朝向温带任一侧的位置的潮汐，这些地方的海洋很宽阔。同样，在太平洋几乎所有海岸，无论是朝向美洲或者朝向中国，也无论是在回归线以内还是以外，海洋中间岛屿处的潮汐，很少高过二到三英尺，但大陆海岸的潮汐却有三到四倍，甚至更大。特别是来自海洋的运动逐渐传导至一个狭窄的空间，海水相继充满再撤出海湾，这迫使涨潮和落潮都猛烈地通过狭窄的地方。例如在英国的普利茅斯和切普斯托桥，在诺曼底的圣米歇尔山和阿夫朗什镇，以及在东印度的坎贝和勃固。在这些地方，海水猛烈地到来并退去，有时还会留下数英里宽的干燥海岸。流入和回流的水在其升高或下压至四五十英尺甚至更高之前都不会停止。于是在长而浅的海峡，相比于具有宽而深的入海口（例如不列颠海峡周围以及麦哲伦海峡的东通道），具有更大的涨潮和落潮，或者涨潮和落潮的速度更快，因此海水上涨得更高或下降得更低。在南美洲的海岸，据说太平洋有时在退潮时会后退两英里，露出裸露的海岸。因此，在这些地方潮水比较高，但在深水处涨潮和落潮的速度总是较小，且潮汐上升和下降的幅度也较小。但在这些地方，人们所知道的海洋升高也不会超过 6 英尺、8 英尺或 10 英尺。我采用下节的方法计算海水升高的量。

48
根据前述原理，计算太阳干扰月球运动的力

设 S 表示太阳，T 表示地球，P 表示月球，$PADB$ 表示月球轨道。在 SP 上取 SK 等于 ST，且 SL 比 SK 等于 SK 比 SP 的平方。平行于 PT 作线 LM，设指向地球的环绕太阳的力的平均值由 ST 或 SK 表示，那么 SL 表示指向月球的力。但是该力是由部分 SM 和 LM 合成，其中 SM 的一部分 TM 表示干扰月球运动的力（根据《自然哲学之数学原理》第一卷命题 66 及其引理）。地球和月球围绕其公共重心运行，地球也受到类似力的作用。但是我们可以将力的总和以及运动的总和归于月球，而且力的总和由与它们成比例的直线 TM 和 ML 表示。力 LM 的平均量比能使月

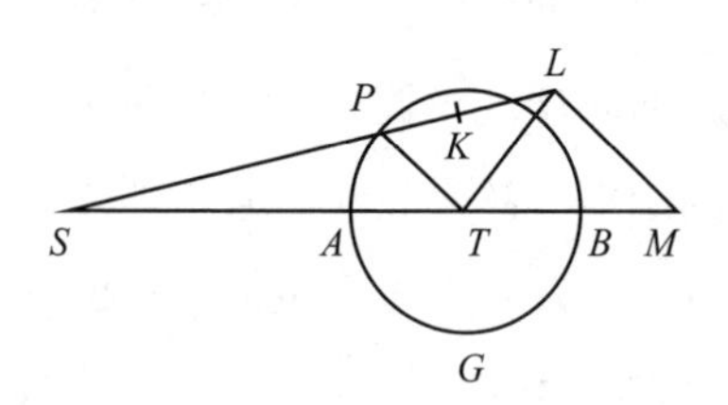

球以距离 PT 围绕静止地球运行的力（根据《自然哲学之数学原理》第一卷命题 66 推论 17）等于月球围绕地球的运行周期比地球围绕太阳的运行周期的平方，即等于 27 天 7 时 43 分比 365 天 6 时 9 分的平方，或等于 1 比 $178\frac{29}{40}$。使月球在 $60\frac{1}{2}$ 个地球半径 PT 围绕静止地球运行的力比使月球在 60 个地球半径处以相等周期运行的力，等于 $60\frac{1}{2}$ 比 60。而且这个力比我们附近的重力约等于 1 比 60 的平方。因此，平均力 ML 比地球表面的重力等于 $1\times60\frac{1}{2}$ 比 $60\times60\times178\frac{29}{40}$，或者 1 比 638092.6。力 TM 可根据直线 TM 和 ML 的比确定，这也是太阳干扰月球运动的力。

49
计算太阳对海洋的吸引力

如果我们从月球轨道下降至地球表面，这些力会按照距离 $60\frac{1}{2}$ 比 1 的比例减小，所以此时力 *LM*[①] 比地球重力小 38604600 倍。但是这种力同等的作用于地球的所有位置，几乎对海洋的运动不产生任何影响，所以在解释海洋运动时可以忽略该影响。另一个力 *TM*，当太阳位于天顶或者位于最低点时，是力 *ML* 三倍大小，因此仅比重力小 12868200 倍。

① 本节所提及的力见 48 节图。——编者注

50
计算太阳在赤道位置引发潮汐的高度

现在假设 *ADBE* 表示地球的球形表面，*aDbE* 是覆盖它的水的表面，*C* 是两者的中心，*A* 是太阳在天顶时正下方的位置，*B* 与 *A* 相对应；*D*、*E* 距前者 90° 远，*ACEmlk* 是一条通过地球中心且成直角的圆柱形管道。力 *TM* [①] 在任意位置处都与其距平面 *DE* 的距离成正比，直线 *AC* 垂直于平面 *DE*，所以在由 *EClm* 表示的管道中力 *TM* 等于零，但在管道 *AClk* 中则正比于不同高度处的重力。因为（根据《自然哲学之数学原理》第一卷命题 73）在朝着地球中心下降过程中，每个位置的重力正比于该位置的高

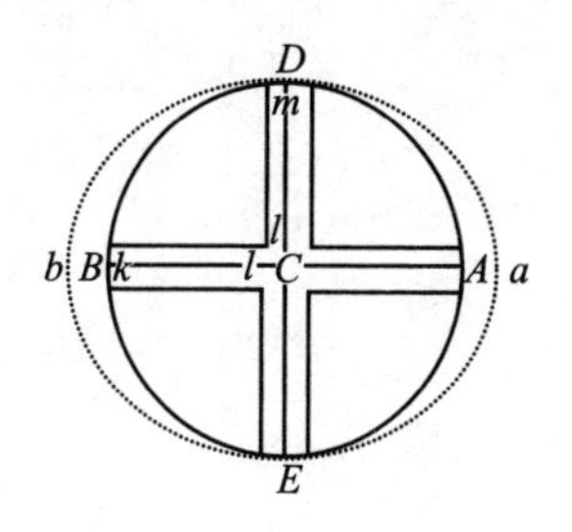

① 本节所提到的力见 48 节图。——编者注

度。因此，在该管道中使水上升的牵引力 TM 将以给定比例减小管道 AClk 中的重力，该管道中的水将上升，直到它们被减小的重力被增加的高度所抵消。在其总重力与另一管道 *EClm* 中的总重力相等之前不会以平衡而静止，这是因为每一小部分的重力都正比于它距地球中心的距离，在每个管道中所有水的重量都按照高度的平方正比增加。所以，管道 *AClk* 中水的高度比管道 *ClmE* 中水的高度等于 12868201 比 12868200 的比的平方根，或者等于 25623053 比 25623052，那么管道 *EClm* 中水的高度比两个管道中水高度之差等于 25623052 比 1。根据后来法国人的测量，管道 *EClm* 的高度为 19615800 巴黎尺，所以按照前文的比例，可得出高度差为 $9\frac{1}{5}$ 个巴黎寸，即太阳的力使海洋在 *A* 点的高度比 *E* 点海洋高度高 9 巴黎寸。即便我们将水槽 *ACEmlk* 想象为坚硬的固体，但 *A*、*E* 点以及它们之间所有位置的海洋高度，仍保持不变。

51
计算太阳在纬度圈处引发潮汐的高度

假设 Aa 表示 A 点 9 英寸的高度差，hf 表示任意其他位置的高度差，做 DC 的垂线 fG，交地球的球面于 F 点。由于距太阳非常远，可以认为由它所引的直线都是互相平行的，在任意位置 f 的力 TM 比在 A 点的力等于正弦 FG 比半径 AC。所以，由于这些力沿平行线指向太阳，它们将以同样的比例生成平行的高度 Ff 和 Aa，因此海水的表面形状 $Dfacb$ 是一个椭圆绕其长轴 ab 旋转形成的椭球，其垂直高度 fh 与倾斜高度 Ff 之比等于 fG 与 fC 之比，或者等于 FG 与 AC 之比。所以高度 fh 与高度 Aa 之比等于 FG 与 AC 之比的平方，即等于角 DCf 二倍的正矢比二倍的半径，

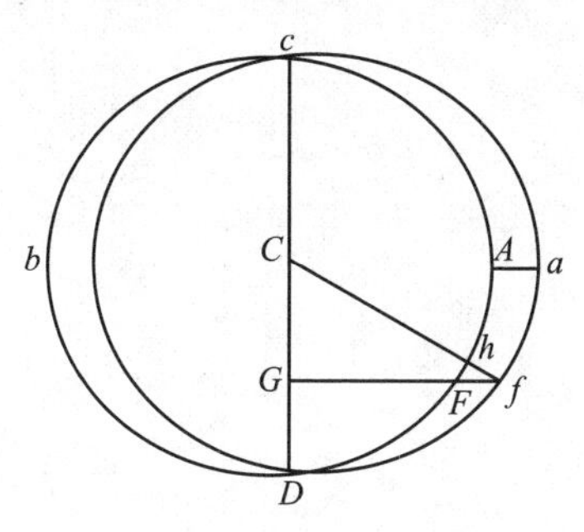

所以可以被求出。因此，在太阳围绕地球的视运动期间，都可以求出在赤道上任意给定位置处海水升高与下降的比例，以及其升高和下降的大小，且无论这种高度变化是因为所处的纬度还是太阳的倾斜，即由所在地纬度引发的海水高度的升高和下降都按照该地纬度余弦的平方正比减小；而由太阳倾斜引发的海水高度的升高和下降都按照该倾斜角的余弦的平方正比减小。在赤道以外的地方，早上和晚上海水升高之和的一半（也就是平均升高量）也近似按照相同的比例而减小。

52
在朔望点和方照点，赤道上方潮汐高度之比受太阳和月球共同作用的影响

设 S 和 L 分别表示太阳和月球在距地球平均距离上对赤道处的力；R 表示地球半径，T 和 V 表示任意给定时间太阳和月球的赤纬的余角的二倍的正矢，D 和 E 表示太阳和月球的平均视直径；设 F 和 G 是太阳和月球任意给定时间的视直径，那么在朔望点时，在赤道引发潮汐的力等于

$$\frac{VG^3}{2RE^3}L+\frac{TF^3}{2RD^3}S,$$

在方照点时等于

$$\frac{VG^3}{2RE^3}L-\frac{TF^3}{2RD^3}S。$$

如果在纬度圈类似地观察到同样的比值，那么根据我们在北半球所做的精确观测，我们可以确定力 L 和 S 之比，再根据这一规律可以预测每个朔望点和方照点的潮汐大小。

53
计算月球引发潮汐的力以及该潮汐的高度

春秋季时，在布里斯托下游3英里的埃文河口（根据斯托尔米的观测），在太阳和月球位于汇合点和对照点时，水面总的上升高度约为45英尺，但在方照点时仅有25英尺。由于太阳和月球的视直径无法确定，这里假设取它们的平均值，而且月球在二分方照点的赤纬也取其平均值，即$23\frac{1}{2}$°，假设地球的半径是1000，该角度的余角的二倍的正矢是1682。但太阳在二分点时的赤纬以及月球在朔望点时的赤纬都是零，它们余角的二倍的正矢均为2000。所以这些力在朔望点等于$L+S$，而在方照点等于$\frac{1682}{2000}L-S$，分别正比于45英尺和25英尺的潮汐的高度，或者正比于9步和5步。所以可以得到

$$5L+5S=S\frac{15138}{2000}L-9S,$$

或者

$$L=\frac{28000}{5138}S=\frac{5}{11}S。$$

另外，我记得曾经有人告诉我，夏天朔望时的海水上升量比方照时的海水上升量约等于5比4。在二至时，该比值略有减小，约为6比5，因此可以得出$L=5\frac{1}{6}S$$\left[因为此时该比值等于\left(\frac{1682}{2000}L+\frac{1682}{2000}S\right)比\left(L-\frac{1682}{2000}S\right)=6比5\right]$。在我们通过观测精确确定该比值之前，我们先设$L=5\frac{1}{3}S$，因为潮汐的高度正比于引发它的力，且太阳的力能产生九英尺高的潮汐，而月球能产生四英尺高的潮汐。我们在海水的运动过程中观察到相互作用力，在这种力的作用下，海水一旦开始运动其运动就会保持一段时间，如果我们认同这种力可以使潮汐的高度加倍甚至或许变成3倍，那么它将足以在海洋中产生我们实际所能发现的所有高度的潮汐。

54

太阳和月球的这些力，除了在海洋中引发潮汐，很难被察觉到

由此我们已经看到这些力足以驱动海洋。但就我所了解的，它们还无法在我们的地球产生其他能察觉到的效应。因为在最好的天平上也无法分辨出 1 格令（历史上使用过的重量单位，最初定义一粒大麦的重量为 1 格令）的 4000 分之一的重量，而太阳引发潮汐的力比地球的重力小 12868200 倍。太阳和月球的合力按照 $6\frac{1}{3}$ 比 1 的比例超过太阳的力，仍比地球的重力小 2032890 倍。很显然，这两个力合起来仍比一架天平能分辨出的物体的重量小 500 倍。所以，它们无法移动任何悬挂的物体，也无法对单摆、气压计、漂浮在静止水面上的物体或类似静力学实验产生足以察觉到的效应。事实上，在大气层中，它们也会引起类似海洋中的潮汐一样的涨落，但是如此小的运动甚至无法产生足以被察觉到的微风。

55
月球的密度是太阳的 6 倍

如果月球和太阳在引发潮汐的效应上以及它们的视直径是相等的（根据《自然哲学之数学原理》第一卷命题 66 推论 14），那么它们的绝对的力与其大小成正比。但是月球的效应比太阳的效应约等于 $5\frac{1}{3}$ 比 1；月球的直径以 $31\frac{1}{2}$ 比 $32\frac{1}{5}$ 或者 45 比 46 之比小于太阳的直径。现在月球的力按照其效应正比且其视直径的立方反比增大。因此，月球的力比其大小相比于太阳的力比其大小，等于 $5\frac{1}{3}$ 比 1 乘以 45 比 46 的反比的立方，即约等于 $5\frac{7}{10}$ 比 1。所以，月球相对于其体积大小的绝对的力，以 $5\frac{7}{10}$ 的比例大于太阳相对于其体积大小的绝对的力。所以，月球的密度是太阳的 6 倍。

56
月球密度与地球密度之比是 3 比 2

假设太阳的平均视直径是 $32\frac{1}{5}'$，在月球围绕地球运行一周的 27 天 7 时 43 分的时间内，一颗距离太阳中心 18.954 个太阳直径的行星也能环绕一周，且在相等时间内，月球能在距地球 30 个地球直径的距离围绕静止地球环绕一周。如果在这两种情况下的直径是相等的，（根据《自然哲学之数学原理》第一卷命题 72 推论 2）环绕地球的绝对的力比环绕太阳的绝对的力等于地球与太阳的大小之比。因为地球的直径按照 30 比 18.964 而较大，地球的体积按照该比例的三次方即 $3\frac{28}{29}$ 比 1 而较小。所以，地球的力比其体积相比于太阳的力比其体积，等于 $3\frac{28}{29}$ 比 1，这也是地球密度与太阳密度的比例。然后由于月球的密度比太阳的密度等于 $5\frac{7}{10}$

比 1，那么月球的密度比太阳的密度等于 $5\frac{7}{10}$ 比 $3\frac{28}{29}$，或者等于 23 比 16。因为月球的体积比地球的体积约等于 1 比 $41\frac{1}{2}$，所以月球的绝对向心力比地球的绝对向心力近似等于 1 比 29，而且月球物质的量比地球物质的量也是该比值。因此，我们可以比之前更加精确地确认地球和月球的公共重心，并由此更加精确地确定地球和月球之间的距离。但我更情愿等到通过潮汐的现象更加精确地确定月球和地球的体积之比，同时期望使用比迄今为止所用的更加遥远的观测站来测量地球的周长。

57
关于恒星的距离

以上我对行星的系统进行了说明。关于恒星，它们每年的视差非常微小，这证明它们距行星系统非常遥远。毫无疑问，该视差小于 1′，由此得出恒星的距离超过土星距太阳距离的 360 倍。那些认为地球是行星，太阳是恒星的人们，可以根据以下论证将恒星的距离拉远。根据地球的周年运动，两颗恒星相互之间的视位移几乎等于其视差的二倍。但是迄今为止，相对于仅能从望远镜才能看到的遥远的恒星，还尚未观察到较大和较近的恒星发生微小的运动。如果我们假设该运动小于 20″，那么到较近的恒星的距离将超过木星距太阳平均距离的 2000 倍。再者，土星的圆面直径只有 17″ 或 18″，仅能收到大约 $\frac{1}{2100000000}$ 的太阳光。因为该圆面相比于土星轨道的整个球面是如此小。现在我们假设土星能够将这些光反射大约 $\frac{1}{4}$，那么从它被照亮半球反射的所有光是从太阳半球发出所有光的 $\frac{1}{4200000000}$。因为太阳光的强度按照到太阳距离的平方反比减弱，所以如果太阳比土星远 $10000\sqrt{42}$ 倍，那么它将会和没有星环的土星一样明亮，即比一等恒星稍亮。因此让我们假设太阳像恒星那样从远大于土星距离约 100000 倍的位置发光，那么它的视直径是 $7^{v}.16^{vi}$ ①，而且由地球周年运动产生的视差约为 13^{iv}。这就是在如此远的距离上，体积和光亮如同我们的太阳的恒星的视直径及视差。或许有些人会想象，恒星的光会在穿越如此远的过程中会被阻挡而减弱，并由此要求将恒星放置在比较近的距离，但是按照这种比例，更远的恒星将几乎无法被观察到。例如，假设距我们最近的恒星发出的光在抵达我们这里的过程中被减弱了 $\frac{3}{4}$，那么在通过二倍距离后要减弱 $\frac{3}{4}$ 的两次，在通过三倍距离后要减弱 $\frac{3}{4}$ 的三次，依此类推。因此，两倍距离上的恒星将昏暗 16 倍，即视直径的减小使亮度变暗 4 倍，由于光的减弱又昏暗 4 倍。根据同样的论证，在三倍距离上的恒星将昏暗 $9\times4\times4$ 倍，即 144 倍；在四倍距离上的恒星将昏暗 $16\times4\times4\times4$ 倍，即 1024 倍。但是光如此快速地减弱并不符合现象，也与恒星位于不同距离上的假设完全相悖。

① $x^{\circ}y'z''\cdot u'''\cdot v^{iv}\cdot w^{v}=x+\frac{y}{60}+\frac{z}{60^2}+\frac{u}{60^3}+\frac{v}{60^4}+\frac{w}{60^5}$。.

58
当彗星可见时，根据其经度上的视差可知它们比木星更近

所以，恒星彼此相距如此大的距离，相互间没有吸引力存在，也不受太阳的吸引。但是彗星无法摆脱环绕太阳力的作用。由于无法观察到它们的日视差，所以彗星被天文学家认为位于月球之外，因此它们的年视差是它们下降至行星区域的一项令人信服的证据。因为对于所有按照星座的顺序的沿轨道运行的彗星，如果地球位于它们和太阳之间，那么在快要看不到它们时，它们会比平常更缓慢，或者发生逆行；如果地球与它们隔着太阳相对时，它们运动得比平常更迅速。另外，与之相反，对于逆着星座顺序运行的彗星，如果地球位于它们和太阳之间，在快要看不到它们时，它们会比平常更迅速；如果地球与它们隔着太阳相对时，它们比平常运动得更缓慢，或者发生逆行。这是由于地球在不同位置的运动引起的。如果地球与彗星的运动方向相同，且地球的速度快于彗星，那么彗星将发生逆行，然而如果地球的速度

较慢，那么彗星的速度也将较慢；如果地球与彗星的运动方向相反，彗星的运动速度变快。通过确定较慢的和较快的运动之间的差值、更快的和逆行运动的和，以及将它们升起时地球的运动和位置进行比较，通过这一视差，我发现彗星在肉眼将要看不到时的距离总是小于土星到太阳的距离，通常甚至小于木星到太阳的距离。

59
纬度上的视差也可以证明这一点

由彗星路径的曲率也可以推断出同样的结论。这些天体在持续迅速运动时近似沿着大圆前进。但在其路径末端，当由视差引起的视运动在其总视运动中占据较大比例时，它通常会从这些圆形偏离；当地球靠近一侧时，它们偏向另一侧。由于这种偏离与地球的运动相对应，因此必定源于视差，而且它的偏离量非常可观，根据我的计算，将要消失的彗星非常接近于木星的位置。因此可以得出结论，彗星在它们的近地点和近日点更靠近我们时，通常位于火星以及更内侧的行星轨道以内。

60
视差也证明了这一点

此外，根据轨道的年视差也能证明彗星的靠近，基于彗星在直线上均匀运动的假设也可以得到非常接近的结果。根据这一假设对四次观测计算一颗彗星的距离的方法（由开普勒首创，并有瓦里斯博士和克里斯托弗·雷恩爵士完善）是众所周知的。彗星一般在穿过行星区域中间时会呈现出这种规律。如 1607 年和 1618 年彗星，它们的运动由开普勒确定，在经过太阳和地球之间便是如此；1664 年彗星从火星轨道内经过，以及 1680 年从水星轨道内经过时，根据克里斯托弗·雷恩爵士的观测，也是这样。根据类似的直线假设，赫维留将我们所观测到的彗星都定位于木星的轨道以内。有些人根据彗星的规律运动，要么将彗星移入恒星区域，要么否定地球的运动，但这种做法并不正确，也与天文学计算相矛盾。其实彗星的运动并不具有完美的规则性，除非我们假设彗星可以穿过靠近地球的区域。这些论证源于彗星的视差，虽然对其轨道和运动没有精确的了解也能做出结论。

61
彗星头部的光表明彗星下降至土星轨道附近

可以由彗星头部的光证实彗星的靠近。因为被太阳照亮，且向着更遥远区域离去的天体，它的光强按照距离的四次方反比减弱，也就是，一个二次比来自离太阳的距离的增大，另一个二次比来自它视直径的减小。因此能够推导出，土星在二倍于木星的距离上，其视直径大约是木星视直径的一半，看起来比木星黯淡16倍；如果距离有4倍，它要比木星黯淡256倍，以至于肉眼不可见。但是彗星的光亮经常与土星相当，其视直径也差不多相等。因此根据胡克博士的观测，1668年的彗星，在亮度上可以达到一等恒星，它的头部，或者说彗发中间的星体，在15英尺长望远镜中显得和靠近地平线的土星一样明亮，但彗星头部的直径仅有25″，这也就是说，它几乎和土星及其星环的直径相同。围绕彗星头部的彗发大约宽10倍，即$4\frac{1}{6}'$。再者，弗拉姆斯蒂德先生使用带有测微计的 16 英尺长的望远镜观测到，1682 年彗星彗发的最小直径为 2′ 0″。但彗核直径不足其宽度的十分之一，所以仅宽 11″或 12″。它的头部的亮度超过 1680 年彗星头部的亮度，达到一等星或二等星。此外，据赫维留观测，1665 年 4 月的彗星的亮度超过所有恒星，甚至还超过土星，颜色也更加鲜艳。由于这颗彗星比前一年年底出现的彗星更加明亮，因此可被列入一等星。这颗彗星的彗发的直径约为 6′，但该彗星的彗核，通过望远镜观测，明显小于木星，有时甚至小于等于木星星环内的本体。在此宽度上再加上土星星环，则土星整个面可达到这颗彗星大小的两倍，但它所拥有的光并非更强，所以这颗彗星比土星离太阳更近。这些观测还发现，根据彗核与整个彗星头部的比例，以及彗星头部的宽度（很少超过 8′或 12′），似乎大多数彗星的视直径都和行星相同，但是它们的亮度却接近于土星，甚至还超过它。因此在彗星的近日点，它们距太阳的距离很少大于土星距太阳的距离。将彗星的距离加倍，亮度减弱 4 倍，其亮度与土星亮度相比，远小于土星亮度与木星亮度相比——这种差异很容易被观察到。如果彗星在十倍远的距离，那么它的体积一定大于太阳，但它的亮度比土星黯淡 100 倍。在更远的距离，它的体积会远远超过太阳，但在如此黯淡的区域所以并不可见。如果认为太阳是一颗恒星，那么彗星不可能位于太阳和恒星之间的区域，这是因为它从太阳得到的光不多于我们从最大的恒星得到的光。

62
它们下降得远低于木星轨道，有时还低于地球轨道

到目前为止，我们还没有考虑到彗星因为其头部周围浓密的烟尘而导致黯淡的情况，透过烟尘，彗星的头部总是如同在云雾中一样黯淡。这是由于物体越是被这种烟尘所遮盖，它必须越靠近太阳，才能使其反射光与行星相当。因此彗星很可能下降得远低于土星轨道，正如前文根据它们的视差所证明的。这一点尤其可通过彗尾来证明，彗尾必定是由太阳照射到彗星产生并在以太中扩散的烟尘上，或者由于彗星头部的光照射产生的。

对于前一种情况，彗星的距离必须被缩短，否则产生于彗星头部的烟尘会以难以置信的速度在如此大的空间内传播；在后一种情况下，彗星头部和彗尾的光都将归于其中心的核。所以，如果我们假设这些光都集聚于彗核的圆面，那么彗核的亮度将远超木星，尤其当它喷射出非常大且明亮的彗尾时。因此，如果它以较小的视直径将较多的光反射，它一定会受到太阳的强烈照射，

从而更加靠近太阳。于旧历（英国在1752年以前一直采用儒略历，即旧历。1700年之前，旧历与公元日期相差10天；1700年2月28日之后，旧历与公元日期相差11天）1679年12月12日至15日出现的彗星，在那期间它喷射出非常明亮的彗尾，其亮度如同很多个像木星一样的星星。如果它们的光能在如此大的空间内扩散传播，其彗核的大小还小于木星（根据弗拉姆斯蒂德先生的观测），那么它一定距离太阳非常近，更何况，它的彗核甚至小于水星。因为在这个月的17日，它距地球更近一点，卡西尼使用35英尺的望远镜发现它比土星略小。这个月8日早上，哈雷博士观察到它的彗尾在接近日出时，显得又宽又短，仿佛是从太阳本体上升起的。它的形状很像一朵极亮的云，直到太阳超出地平线它才消失。所以，在太阳升起前，它的亮度超过日出前的云，且远远超出所有星星之和，仅弱于太阳本身。水星、金星以及月球都未被观测到如此靠近升起的太阳。试想将所有这些扩散的光都收集于小于水星的彗核的圆面，如此它会非常明亮，其亮度远超水星，因此比水星离太阳更近。在同月12日和15日，这条彗尾越过更大的空间，显得稀薄，但是它的亮度仍然能够超过恒星的亮度，不久之后呈现出令人惊奇的样子，如同闪耀的火焰。根据它40°或50°的长度以及2°的宽度，我们可以计算出整个彗星的亮度。

63
太阳附近彗尾的亮度也证实了这一点

当彗尾的亮度最大时，可以证明彗星距太阳最近。这是由于当彗星头部从太阳旁边经过并隐藏在太阳光中时，它的彗尾像火柱一样明亮，出现在地平线上。但此后彗星头部再次出现时，它已距太阳较远，彗星的亮度也在不断减弱，并逐渐变成像银河那样黯淡，但在最初非常明亮，此后逐渐消失。亚里士多德的《气象学》第一卷第 6 节中记录了这样的彗星：“它的头部无法被观测到，这是因为下落得比太阳早，或者它隐匿于太阳的光线中；第二天它被尽可能地观察到，它离太阳非常近，在太阳下落后伴随着下落。它头部发出的光因为被彗尾的光遮挡而无法观察到。之后，当彗尾的亮度减弱时，彗星头部的亮度又恢复如初。彗星的光附带了三分之一的天空（即 60°）。它在冬季上升至猎户座腰带的位置，然后在这里消失。”查士丁在《菲利皮城的历史》第三十七卷中描述了两颗同类型的彗星，据他描述：“彗星是如此明亮，整个天空仿佛燃烧起来一样，它们的长度达到天空的四分之一，它们的亮度超过太阳。”最后一句话表明这两颗彗星相距非常近且位于升起和落下的太阳附近。我们还可以再加上 1101 年或 1106 年的彗星，“该彗星的彗核非常小且黯淡（类似 1680 年的彗星），但它的彗尾非常明亮，就像一条火柱横列于东方和北方”，正如赫维留从达勒姆的僧侣西米恩那里所知晓的。该彗星大约在 2 月初的晚上在西南方出现。由此以及根据彗尾的位置我们可以推断出彗星的头部靠近太阳。帕里斯·马太说：“它离太阳大约一肘，从三时（更准确地说是六时）至九时，射出一道很长的光。”1264 年的彗星出现于夏至前后，在日出之前，向西方射出非常强的光直至天空中间，在最初它稍高于地平线，但随着太阳移动它逐渐远离地平线，直到它从天空中央附近经过。据说在刚开始时，它很大也很亮，还有着巨大的彗发，彗发逐渐减小。帕里斯·马太的《英格兰史》的附录是这样描述这颗彗星的：“在主历 1265 年，出现了一颗当时人们没有见过的奇妙的彗星，它发出极强的光从东方升起，并以很强的光向西延伸到天空中央。”拉丁文原文有些晦涩难懂，附在此处：Ab oriente enim cum magno fulgore surgens, usque ad medium hermisphaerli versus oceidentem, omnia perlucide pertrahebat.

在迈克尔·杜卡斯的孙子所著的《拜占庭史》（*Hist. Byzant. Duc. Mich. Nepot*）中记载：“在 1401 年或 1402 年，太阳还在地平线以下时，在西方出现了一颗明亮而闪耀的彗星，它向上射出彗尾，夜色如同火焰一样，形状如同标枪一样，自西向东射出光线。当太阳落入地平线以后，彗星的光芒普照地面的所有物体，它的亮度超过其他所有天体的光，而且一直延伸到天空顶部。”根据这颗彗星的位置，以及它首次出现的时间，我们可以推测那时彗星的头部正靠近太阳，且逐渐离开。因为这颗彗星持续了三个月。1527 年 8 月 11 日大约早上四时，几乎整个欧洲都在狮子座看到一颗可怕的彗星，它每天闪耀一小时又一刻钟。它从东方升起，并向西南上升很长一段距离。最显著的是北方，而且它的云（也就是彗尾）非常可怕，在民众看来，仿佛一直弯曲的手臂握着一把巨型的剑。1618 年 11 月底，人们开始谣传日出前后出现一束明亮的光，这其实就是彗尾，彗星的头部隐藏在明亮的太阳光中。在 11 月 24 日，且从那时开始，这颗彗星伴随着明亮的光出现，它的头部和彗尾非常明亮。最开始彗尾的长度大约有 20° 或 30°，持续增加到 12 月 9 日的 75°，不过黯淡了很多。1668 年 3 月 5 日，身处巴西的瓦伦丁 · 艾斯坦舍尔在大约早上七时，在西南方地平线附近观察到一颗彗星。它的头部非常小，很难分辨，但是它的彗尾非常明亮且灿烂，以至于人们站在海岸上可以很容易地从海水看到彗星的倒影。这种亮度只持续了三天，之后便显著地减弱。在开始时彗星自西向南沿着地平线延伸 23°，看起来仿佛明亮的光柱。之后，彗尾的光开始减弱，彗尾的大小持续增加直至彗尾无法被观察到。因此卡西尼在博洛尼亚观察到（3 月 10 至 12 日）彗尾从地平线升起，长度为 32°。葡萄牙人说这颗彗星占据四分之一的天空（也就是 45°），以极强的亮度自西向东延伸，尽管无法看到整个彗尾，因为彗星的头部总是隐藏在地平线以下。从彗尾的增大不难推断出彗星的头部已远离太阳，且在最初彗尾看起来最明亮时，彗星的头部距太阳最近。

此外还有 1680 年的彗星，前文已经描述过它的头部与太阳交会时令人惊奇的光亮。但是如此强的亮度要求彗星接近于光源，特别是位于对日点的彗尾竟然如此闪耀，我们还从未在该地发现有类似的彗尾记录。

64

在其他条件相同时，根据彗星头部的光可以确定它距地球的远近

最后，根据彗星头部的光在从地球到太阳过程中强度逐渐增强，自太阳向地球返回时逐渐减弱，也可以得出同样的结论。1665年的最后一颗彗星（根据赫维留的观测），从它开始出现，其视运动持续减小，因此已经离开了它的近地点，但是它头部的亮度逐日增大，直至彗星的光芒被太阳光湮没，彗星消失为止。1683年的彗星（同样来自赫维留的观测）大约出现在7月底，一开始它的速度极为缓慢，每天在其轨道上移动大约40′或45′，但此后彗星的日运动持续增大，直至9月4日，达到约5°，所以在所有这段时间内彗星正在靠近地球。这也可以从测微计测得的彗星头部的直径得以证明，因为赫维留发现8月6日的彗发仅有6′ 5″，而9月2日的彗发有9′ 7″。所以在彗星头部开始运动时的大小远小于运动快结束的时候的大小，虽然刚开始时由于彗星头部靠近太阳，其亮度远强于运动快要结束时，这正如赫维留所

称。所以在这段时间内，由于彗星远离太阳，尽管它向地球靠近但是它的亮度在减弱。1618 年的彗星出现在 12 月中，1680 年的彗星大约出现在 12 月底，两者都以它们的最大的速度运动，所以那时它们位于其近地点。但是它们头部的最强亮度出现在两周之前，那时它们刚从太阳光中脱离，而且彗尾的最强亮度还要出现得更早些，那时它更靠近太阳。前一颗彗星的头部，按照西萨特的观测，在 12 月 1 日看起来大于一等星；12 月 16 日（那时它位于近地点），它的尺寸稍有减小，亮度上明显减小。1 月 7 日，由于彗星的头部无法确认，开普勒放弃了观测。12 月 12 日，后一颗彗星的头部开始显现，并且在距太阳 9° 的位置被弗拉姆斯蒂德观测到，亮度和一颗三等星几乎相等。12 月 15 日和 17 日，它如同三等星一样出现，它的亮度被落日周围闪亮的云减弱。12 月 26 日，它以最大的速度运动，大约位于其近地点，但是亮度弱于属于三等星的飞马座恒星。1 月 3 日，它的亮度如同一颗四等星；1 月 9 日，它的亮度如同一颗五等星。1 月 13 日，由于当时月亮的光亮，彗星消失。1 月 25 日，它的亮度勉强等于一颗七等星。如果从近地点开始向两个方向取相等的时间，在近地点之前的和在近地点之后的彗星头部的亮度应该相等，因为它们与地球的距离相等。但在前一种情况下它更亮，在后一种情况下却消失了，这是因为在前一种情况下它距太阳更近，而在后一种情况下它远离太阳。根据这两种情况下彗星亮度的巨大差别，可以推断出它距地球的远近。因为彗星的亮度趋于具有规律，仅在运动最快时具有最强亮度，此时位于近地点，除非它因为靠近太阳而亮度增强。

65
在太阳区域观测到的大量彗星也证明了这一点

由此我们最终发现了为何彗星总是频繁地出现在太阳区域。如果它们在土星以外很远的区域被发现，它们必定更经常地出现在与太阳相对的区域，因为它们在那里距地球更近，且位于中间的太阳会遮挡其他天体。但是，在遍查关于彗星的记录后，我发现朝向太阳一侧出现的彗星比背向太阳一侧出现的彗星多四到五倍；另外，毫无疑问地，不少彗星被太阳光淹没。这是因为落入我们这侧的彗星既不发出彗尾，也没有被太阳照得很亮，以至于仅当它们比木星更近时才能被肉眼发现。但是在以如此小的半径围绕太阳画出的球形空间中，绝大部分的区域位于地球朝向太阳的一侧，在该区域中，彗星被太阳照射，大部分都离太阳较近。此外，由于彗星轨道的偏心率很大，这使它们的下回归点远比同心圆轨道的靠近太阳。

66

这也可以通过彗星头部到达与太阳交会点后彗尾的尺寸和亮度的增强来证实

因此我们也理解了为什么彗星头部落向太阳时彗尾总是显得短且稀薄，其长度很少超过 15° 或 20° 。但是在彗星头部远离太阳后，彗尾却常常如同火柱一样闪耀，而且长度很快超过 40° 、50° 、60° 、70° 或者更长。彗尾的这种巨大亮度和长度来自它经过太阳时太阳传递给它的热量。因此，我认为可以得出结论：所有具有这种彗尾的彗星都曾经从太阳附近经过。

67
彗尾来自彗星的大气

根据前文我们得出结论：彗尾来自彗头的大气。但是关于彗尾存在三种意见：有些人认为彗尾不过是太阳的光透过透明的彗星头部产生的光束；有些人认为彗尾来自彗星头部发出的光照射到地球过程中发生的折射；还有些人认为彗尾是从彗星头部不断产生的一种云雾或者蒸汽，总是倾向于太阳的对面。第一种意见并不符合光学，因为在暗室中无法看到阳光，因此在充满浓烟的天空中，太阳光显得很亮，而在晴朗的空气中太阳的亮度很弱且难以看到，天空中没有可供反射的物质，因此完全无法看到阳光。光束并不能直接被看到，需要通过其他物质反射到我们眼中，因此在彗尾被观测到的区域内必定存在某种反射物质。这样争论转移到第三种意见上。由于彗尾以外的其他位置都不存在反射物质，这是因为天空被太阳同等照亮，也没有哪一部分的亮度更强。第二种意见存在很多难题。彗尾的颜色从未改变过，而颜色变化和折射是密不可分的。恒星的光和行星的光非常清晰，这证明以太的介质并不存在反射能力。据埃及人说有时会看到恒星伴随有彗发，但这种情况非常罕见，还不如归因于云雾的折射，恒星的闪烁和光辉也要归因于眼睛和空气的折射，因为在望远镜中，这种闪烁和光辉并不存在。空气和蒸汽的颤动会使光线在瞳孔的狭窄空间内交替偏折，但这种现象在具有更宽口径目镜的望远镜上并不会发生。因此闪烁产生于前一种情况，而在后一种情况下停止，而且后一种情况下的停止证明光可以通过天空规则地传播，而没有任何可以察觉得到的折射。但是，有一种观点认为，亮度低的彗星通常没有彗尾，是因为人眼无法观察到较弱的次级光，有些人据此反对，说恒星的尾只是看不到而已。为了反驳这种说法，我们应考虑到恒星的光可以被增大到超过 100 倍，但仍然看不到其尾；行星的光更强，也没有尾，但有时彗星头部的光微弱黯淡，它的彗尾却非常大。1680 年的彗星就是如此，12 月时它的亮度还不及二等星，却射出一条极长的尾，其长度延伸至 40°、50°、60° 或者 70°，甚至更长。然后，在 1681 年 1 月 27 日和 28 日，彗星头部的亮度如同七等星，但其彗尾（如前文所说）以微弱但可以察觉到的光延伸至 6° 或 7°，而且以几乎不能被看到的非常黯淡的光延伸到 12° 乃至更长。然而在 2 月 9 日和 2 月 10 日，当时肉眼无法看到彗星头部，通过望远镜可以看到 2° 长的彗尾。而且，如果彗尾来自天体物质的折射，且偏离背对太阳那一侧，但是在天空的相同区域，该偏转应当总发生在相同的方向。然而，1680 年的彗星，12 月 28 日下午 $8\frac{1}{2}$ 时位于双鱼座 8° 41′，北纬 28° 6′，当时太阳位于摩羯座 18° 26′。1577

年的彗星，12 月 29 日位于双鱼座 8° 41′，北纬 28° 40′，太阳如同之前，大约也位于摩羯座 18° 41′。在这两种情况下，地球在同样的位置且彗星也出现在天空的同一位置，然而在前一种情况，彗尾（根据我和其他人的观测）偏离背对太阳的一侧，并以 $4\frac{1}{2}°$ 角向北倾斜，在后一种情况中（根据第谷的观测）以 21° 角向南倾斜。所以，由于天空折射的观点被证明不成立，彗尾现象只能来自其他反射光的物质。能够充满如此大空间的蒸汽来自彗星的大气，容易由以下理由理解。

68 天空的空气和蒸汽非常稀薄，很少量的蒸汽足以解释彗尾的所有现象

众所周知，地面表面附近的空气所占据的空间比相等重量水所占据的空间大约大 1200 倍，因此 1200 英尺高的圆柱形空气与宽度相同的 1 英尺高的水柱的重量相同。而且达到大气顶端高的空气柱大约等于高约 33 英尺的水柱的重量，所以，如果将空气柱中下部 1200 英尺高的部分去除，剩余上部分等于高约 32 英尺的水柱的重量。因此，在 1200 英尺，或者 2 弗隆（1 弗隆 = 201.168 米）的高度，空气上部的重量以 33 比 32 之比大于地球表面空气被压缩的稀薄程度。而且由这个比值（根据《自然哲学之数学原理》第二卷命题 22 的推论），假设空气的膨胀与它的压力成反比，我们就可以计算任意位置的空气稀薄度，该比值已经被胡克和其他人的实验所证明。计算的结果如下表所示，其中第一列是空气高度，4000 英里等于地球的半径；第二列是空气压力，或者压在上方的空气的重量；第三列是它的稀薄度或者膨

胀度，此处假设重力按照距地球中心距离的平方反比减小。表中的拉丁字母表示 0 的个数，例如 0.xvii1224 表示 1.224×10^{-18}。而 26956xv 表示 26956×10^{15}。

空气的指标		
高度 / 英里	压力	膨胀度
0	33	1
5	17.8515	1.8468
10	9.6717	3.4151
20	2.852	11.571
40	0.2525	136.83
400	0.xvii1224	26956xv
4000	0.cv4465	73907cii
40000	0.cxcii1628	20263clxxxix
400000	0.ccx7895	41798ccvii
4000000	0.ccxii9878	33414ccix
无穷大	0.ccxii6041	54622ccix

该表表明，空气在上升过程中按照这种方式变得稀薄，一个接近地面的直径仅为 1 英寸的空气球，如果它稀薄至一个地球半径高度的程度，将充满整个行星区域并且远远超出土星轨道；如果以 10 个地球半径高度的稀薄度扩大，按照之前计算的恒星距离，将充满包括恒星在内的整片天空。虽然彗星的大气非常浓密，太阳的向心力也更强，这使得天空中以及彗尾中的空气不至于如此稀薄。但根据以上计算可知，非常少量的空气和蒸汽就能

充分产生彗尾的现象，因为从星星透过彗尾闪耀可以看出，彗尾的确非常稀薄。地球的大气，虽然只有几英里厚，但是在阳光的照射下，所有星星的光，甚至包括月球本身的光都会被阻挡和遮蔽。然而小的星光仍能透过极厚的彗尾闪烁，它们的光辉并不会受到任何影响。

69
彗星是以何种方式在它们的头部产生

开普勒将彗尾的上升归因于彗星头部的大气，把它们朝向太阳的相反方向归因于彗尾物质所携带的光的作用。假设在非常自由的空间中，如同以太那样细微的物质能受太阳光线影响，虽然这些光线不能对我们周围较大的物体产生明显的作用，这些物质由阻力凝聚在一起。另外一些作者认为，或许有一类物质具备如同重力那样的轻力，彗尾可能由后一种物质构成，它远离太阳上升就是由于其轻力。但是考虑到地球上物体的重力刚好正比于其所含的物质，我还是倾向于认为这种上升是由于彗尾物质的稀薄性。烟囱中的烟是受到空气的推动而上升，烟与空气相缠。空气受热上升，是由于它的比重减小，且在上升过程中裹挟着与其相缠的烟。为什么彗星就不能以同样的方式上升呢？这是因为太阳的光线对其所穿过的介质除了反射和折射以外没有任何作用，反射的部分被光线加热，又使其周围的以太物质升温。那些物质由于受热而变得稀薄，这一稀薄作用又使原先朝向太阳的比重被减小，使它们像蒸汽一样上升，同时裹挟着构成彗尾的能够反射的部分一同上升。正如我们所说，是太阳光的作用促进了彗尾的上升。

70
彗尾的多种表现证明它产生于彗星大气

彗尾确实由彗星头部产生，并且指向太阳的对面，这可由彗尾所遵循的规律进一步证实。因为在经过太阳的彗星的轨道平面上，彗尾总是向背向太阳的一侧偏折而指向彗星头部沿着轨道前进时留下的部分。但是对于位于该平面的观察者而言，彗尾出现在与太阳正对的方向。但是随着观察者从该平面远离，它们的偏转开始出现并且日渐增大。在其他条件相同时，当彗尾相对于彗星的轨道更加倾斜时，其偏转更小；当彗星头部更靠近太阳时，也是如此。此外，没有偏折的彗尾呈直线状，而偏转的彗尾以一定的曲率弯曲，偏转越大，曲率越大，在其他条件不变时，彗尾越长偏转越明显，这是因为较短的彗尾不易被发现弯曲。而且偏转角在靠近彗星头部时较小，在朝向彗尾的另一端较大，因为彗尾的下侧与产生偏转的部分有关，且位于从太阳经过彗星头部所引的无限直线上。较长且较宽的彗尾，它的凸侧比凹侧更明亮也更清晰。因此，彗尾的现象显然依赖于彗星头部的运动，而与彗星头部在天空出现的位置无关，所以彗尾并未源于天空的折射，而是来自彗星的头部，彗星的头部能够提供形成彗尾的物质。这正如在我们的空气中，被燃烧的物体产生的烟总是上升，如果物体静止，那么烟会垂直上升，而当物体运动时，烟会倾斜上升。在天空中亦是如此，在那里所有的物体都有朝向太阳的重力，烟和蒸汽（正如我们已经说过的）应当远离太阳上升。如果产生烟的物体静止，那么烟将垂直上升；如果物体在其运动过程中总是远离之前放出的烟所达到的上方，那么烟将倾斜地上升。当烟以较快速度上升时，其偏转角度就小，这也就是产生烟的物体位于太阳附近时的情形，因为那里使烟上升的太阳的力量较强。此外，由于倾斜运动存在变化，烟柱也被弯曲，而因为位于前侧的烟是新产生的，所以密度大于另一侧，因此也能反射更多的光，其边界也更加清晰，而另一侧的烟则逐步衰减并消散。

71
由彗尾可知彗星有时会进入水星轨道内

但解释自然现象还不是我们的当务之急。无论我们刚刚所述的是对是错，至少可以从前面的讨论得出，光线可以直接从彗尾沿直线穿过天空传播，观察者无论位于何处都能看到彗尾，结果是由彗星头部升起的彗尾必定朝向太阳对面。根据这一原理我们可以通过以下方式重新确定它们距离的界限。设 *S* 表示太阳，*T* 表示地球，*STA* 表示彗星离开太阳的距角，且 *ATB* 表示彗尾的视长度，因为从彗尾末端发出的光沿直线 *TB* 的方向传播，该顶端一定位于直线 *TB* 上。假设它位于 *D*，连接 *DS* 交 *TA* 于 *C*。因为彗尾总是朝着几乎与太阳相对的一侧延伸，因此太阳、彗星头部

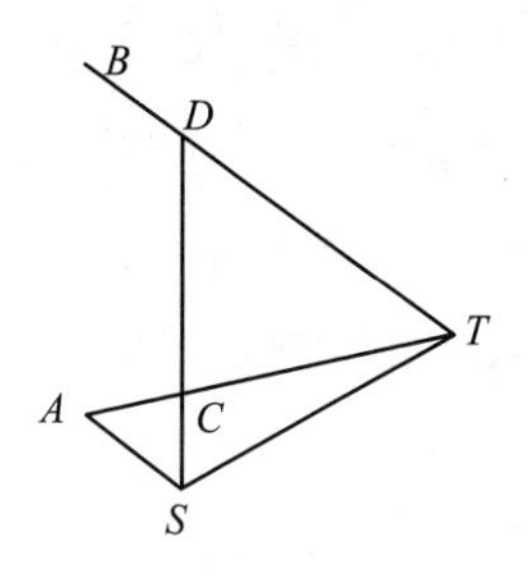

以及彗尾的末端总是位于一条直线上，因此彗星头部将在 C 点被发现。作 SA 平行于 TB，交直线 TA 于 A，则彗星头部一定位于 T 和 A 之间，由于彗尾的末端位于无限直线 TB 上，从点 S 到直线 TB 所能引的所有直线 SD 一定会交直线 TA 于 T 和 A 之间某点。所以，彗星到地球的距离不会大于间隔 TA，到太阳的距离不会超过间隔 SA，或者太阳这一侧的间隔 ST。例如，1680 年的彗星，12 月 12 日到太阳的距角是 9°，彗尾的长度至少是 35°。如果作一个三角形 TSA，角 T 等于距角 9°，且角 A 等于 ATB 或者彗尾的长度，即 35°，那么 SA 比 ST，即彗星距太阳的最大可能距离的限度与地球轨道半径之比，等于角 T 的正弦比角 A 的正弦，即约等于 3 比 11。所以，当时彗星距太阳的距离小于地球距太阳距离的 $\frac{3}{11}$，因此彗星可能会进入水星轨道内，或者位于水星轨道和地球轨道之间。再者，在 12 月 21 日，该彗星距太阳的距角是 $32\frac{2}{3}°$，且其彗尾的长度是 70°。所以，$32\frac{2}{3}°$ 的正弦比 70° 的正弦，也就是 4 比 7，如同彗星到太阳的极限距离比地球离太阳的距离，因此那时的彗星尚未离开金星的轨道范围。12 月 28 日，这颗彗星距太阳的距角是 55°，其彗尾的长度是 56°。所以，彗星距太阳距离的上限尚不等于地球到太阳的距离，因此彗星此时尚未跑出地球的轨道之外。但根据其视差我们发现彗星大约在 1 月 5 日离开地球轨道，还能推断出它曾经非常深入水星轨道。让我们假设彗星在 12 月 8 日抵达其近日点，同时也位于其与太阳的会合点，因此该彗星从近日点到离开地球轨道共用了 28 天。在随后的 26 天或者 27 天后，它无法被肉眼看到，它距太阳的距离并没有加倍。运用类似的论证可以得出其他彗星的距离的上限。我们最终得到结论如下：所有彗星，在它们能为我们所观察到时，都位于这样一个球体范围内，它以太阳为中心，半径是地球到太阳的 2 倍，或最多是 3 倍。

72
彗星沿圆锥曲线运动，该曲线的一个焦点位于太阳中心，且向该中心所引半径掠过的面积与时间成正比

由此可以得出，在彗星能被我们观察到的整段时间内，它们都处于环绕太阳力的作用下，因此都受到该力的驱动（根据《自然哲学之数学原理》第一卷命题 8 推论 1，出于与行星相同的原因），沿着以太阳中心为焦点的圆锥曲线运动，且由它向太阳所引半径掠过的面积与时间成正比，因为环绕太阳力能传播到极远的距离，可以支配土星轨道以外天体的运动。

73
由彗星的速度可以推断，这些圆锥曲线近似抛物线

关于彗星存在三种假设：有些人认为它们如同出现和消失那样生成和灭亡；另外一些人认为它们来自恒星的区域，且仅在其穿过我们所在的行星区域时才被观察到；还有一些人认为它们沿着偏心率极大的轨道绕太阳不断运行。第一种情况下，彗星以不同的速度在所有种类的圆锥曲线上运动；第二种情况下，彗星画出双曲线，它将沿着其中一条无差别地飞越天空的所有位置，包括天枢和黄道；第三种情况下，它们沿着偏心率很大且接近于抛物线的椭圆轨道运行。但是（如果它们遵循行星运行规律）它们的轨道与黄道平面之间的倾角不大。就我目前为止所观察到的，第三种情况成立。因为彗星主要出没在黄道带，日心纬度几乎不曾达到 40° 。我从彗星的速度推断，它们在非常接近抛物线的轨道上运动。因为（根据《自然哲学之数学原理》第一卷命题 16 推论 7）彗星在抛物线轨道任意位置掠过的速度比彗星或行星在

相同距离处的圆形轨道围绕太阳的速度等于$\sqrt{2}$比 1。根据我的计算，彗星的速度差不多就是这样。我先后根据彗星的距离，又从视差和彗尾现象推算了距离来对其速度进行验证，从未发现其速度的误差超出由该计算距离方法的误差。我还利用它做了下文的推理。

74
彗星沿抛物线轨道穿过地球轨道球面的时间长度

假设地球的轨道半径被分为1000份，设表1中第一列表示抛物线顶点到太阳中心的距离，由上述份数来表示；第二列表示彗星由其近日点到达以太阳为中心的地球轨道面所花费的时间；第三、四、五列分别表示彗星经过它到太阳的距离的二倍、三倍和四倍所需的时间。

表1

彗星近日点到太阳中心的距离	彗星由其近日点到达以太阳为中心的地球轨道面所花费的时间											
	地球轨道半径			二倍半径			三倍半径			四倍半径		
	天	时	分	天	时	分	天	时	分	天	时	分
0	27	11	12	77	16	28	142	17	14	219	17	30
5	27	16	07	77	23	14						
10	27	21	00	78	06	24						
20	28	06	40	78	20	13	144	03	19	221	08	54

续表

彗星近日点到太阳中心的距离	彗星由其近日点到达以太阳为中心的地球轨道面所花费的时间											
	地球轨道半径			二倍半径			三倍半径			四倍半径		
	天	时	分	天	时	分	天	时	分	天	时	分
40	29	01	32	79	23	34						
80	30	13	25	82	04	56						
160	33	05	29	86	10	26	153	16	08	232	12	20
320	37	13	46	93	23	38						
640	37	09	49	105	01	28						
1280				106	06	35	200	06	43	297	03	46
2560							147	22	31	300	06	03

彗星进出地球轨道球面的时间，可以由其视差得出，也可根据表 2 快捷得出。

表 2

彗星到太阳的视距角	彗星在其轨道上的视日运动		彗星到地球的距离的份数（地球轨道为 1000 份）
	顺行	逆行	
60°	2° 18′	00° 20′	1000
65°	2° 33′	00° 35′	845
70°	2° 55′	00° 57′	684
72°	3° 07′	01° 09′	618
74°	3° 23′	01° 25′	551
76°	3° 43′	01° 45′	484
78°	4° 10′	01° 12′	416

续表

彗星到太阳的视距角	彗星在其轨道上的视日运动		彗星到地球的距离的份数（地球轨道为 1000 份）
	顺行	逆行	
80°	4° 57′	02° 49′	347
82°	5° 45′	03° 47′	278
84°	7° 18′	05° 20′	209
86°	10° 27′	08° 19′	140
88°	18° 37′	16° 39′	70
90°	无穷	无穷	00

75
1680 年彗星穿过地球轨道球面时的速度

彗星进入或离开地球轨道球面，发生于彗星到太阳的距离（如 74 节表 2 第一列所示）除以其周日运动之时。所以旧历 1681 年的彗星，1 月 4 日在其轨道上的视日运动约为 3° 5′，对应的距角是 $71\frac{2}{3}°$；彗星在 1 月 4 日晚上大约 6 时抵达距太阳的这一距角。再者，1680 年 11 月 11 日，彗星的周日运动约为 $4\frac{2}{3}°$，对应的距角为 $79\frac{2}{3}°$，以上现象发生在 11 月 10 日午夜前不久。在上述时刻，彗星到太阳的距离和太阳到地球的距离相等，且地球差不多位于其近日点。但是表 1 适用于地球到太阳的平均距离，并设该距离被均分成 1000 份。但是该距离大于地球在周年运动中一天内所掠过的长度，或者大于彗星在 16 小时内掠过的长度。为了实现将彗星的运动距离换算为 1000 份的平均距离，在前一时间需要加上 16 小时，而在后一时间需要减去 16 小时。这样前一时间变成 1 月 4 日下午 10 时，后一时间变成 11 月 10 日，大约早上 6 时。但是根据彗星的周日运动的趋势和进程，似乎这两颗彗星分别于 12 月 7 日和 12 月 8 日与太阳会合。从那时起，一颗彗星要到 1 月 4 日下午 10 时，另一颗要到 11 月 10 日早上 6 时，都大约有 28 天。所以彗星沿抛物线轨道运行需要这么多天（见 74 节表 1）。

76
这并非两颗彗星，而是同一颗彗星；更精确地测定该彗星沿什么轨道以多大的速度穿越天空

尽管到目前为止，我们将这些彗星当作两颗来考虑，但是根据它们的近日点的重合以及其速度的一致性，事实上它们可能是同一颗彗星。如果是这样，这颗彗星的轨道可能是一条抛物线，或者至少是与抛物线相差很小的圆锥曲线，且其顶点几乎位于太阳表面。因为（根据第 74 节表 2）11 月 10 日彗星到地球的距离约有 360 份，1 月 4 日彗星到地球的距离约有 630 份。根据这些距离及其经度和纬度，我们推断彗星当时所在位置之间的距离约为 280 份，那么它的一半，140 份，即是彗星轨道的纵坐标，它将轨道轴截下一段约等于地球轨道半径长度，即大约 1000 份。所以，纵坐标 140 的平方除以轴长 1000，得到通径长 19.6，或者取整为 20 份，它的 $\frac{1}{4}$，即 5 份，是彗星轨道顶点到太阳中心的

距离。第 74 节表 1 中对应于 5 份距离的时间是 27 天 16 时 7 分。在这段时间内，如果彗星沿抛物线轨道运动，它将从其近日点到达以 1000 份的半径画出的地球轨道球面，它在这个轨道球面内停留的时间约为该时间的两倍，即 55 天 8 $\frac{1}{4}$ 时，事实也正是如此。因为，从彗星进入地球轨道球面的 11 月 10 日早上 6 时，到彗星离开该球面的 1 月 4 日下午 10 时，这段时间是 55 天 16 时。这其中的 7 $\frac{3}{4}$ 小时的差距在这种粗略估算中可被忽略。误差或许来自彗星稍慢一点的运动，如果它真的沿着椭圆轨道运动那么一定会这样。彗星进入和离开轨道球面的中间时间点是 12 月 8 日凌晨 2 时，所以此刻彗星应该位于其近日点。正是在这一天，哈雷博士（我们所提过的）看到彗尾短且宽，但非常明亮，从地平线垂直升起。根据彗尾的位置可以推断，当时彗星已经穿过黄道并进入北纬，所以已经越过了其位于黄道另一侧的近日点，尽管那时它还尚未与太阳会合。此时彗星位于其近日点和与太阳的会合点之间，且必定在几小时前刚刚抵达其近日点，这是因为在距太阳如此近的距离上，彗星必须以极大的速度运动，看起来每小时几乎掠过半度。

77
其他关于彗星速度的例子

由类似计算，我发现 1618 年的彗星在 12 月 7 日日落时进入地球轨道球面，就像前文所述彗星，大约 28 天后，它与太阳于 11 月 9 日或 10 日会合。因为这颗彗星彗尾的大小与前述彗星相等，这颗彗星可能也类似地几乎接触太阳。那一天观测到四颗彗星，这颗彗星是这其中的最后一颗。第二颗彗星，它首次出现在 10 月 31 日，在初升的太阳附近，不久就淹没于太阳光中，我怀疑它和第四颗彗星属于同一颗，后者于 11 月 9 日从太阳光中显现。我们还可以再探寻 1607 年的彗星，它于旧历 9 月 14 日进入地球轨道球面，大约于 10 月 19 日，即 35 天后到达其近日点。它的近日距离相对于地球的视张角大约为 23°，所以近日距离为 390 份。74 节表 1 中与之对应的时间是 34 天。另外，1665 年的彗星大约于 3 月 17 日进入地球轨道球面，并在 30 天后，大约 4 月 16 日抵达其近日点。该近日距离相对于地球的视张角大约为 7°，所以近日距离约为 122 份，第 74 节表 1 中与之对应的时间是 30 天。还有 1682 年的彗星约在 8 月 11 日进入地球轨道球面，并约在 9 月 16 日抵达其近日点，此时到太阳距离约 350 份，74 节表 1 中与之对应的时间是 33 $\frac{1}{2}$ 天。最后，以约翰 · 米勒命名的彗星，它在 1472 年以每天快达 40° 的速度通过北半球的极点附近，并于 1 月 21 日进入地球轨道球面，然后迅速接近太阳，并大约在 2 月底淹没入太阳光中，因此它从进入地球轨道球面到抵达其近日点大约用了 30 天或者更久。这颗彗星的速度并不比其他彗星的快，只是由于它到地球的距离近，使它的视速度很大。

78
确定彗星的轨道

就目前可用粗略估算所确定的，彗星的速度可能正是它们掠过抛物线或者接近抛物线的椭圆应具有的速度，所以给定彗星和太阳之间的距离，也近似地给定彗星的速度。由此会产生以下问题。

问题

已知彗星的速度和它到太阳中心距离之间的关系，求彗星的轨道。

如果这个问题得以解决，我们就有了以最大精确度确定彗星轨道的方法。因为，如果这种关系被设定两次，那么可由此计算轨道两次，根据观察找出每条轨道的误差，即可通过错误位置的规则对原先的假设进行校正，由此能够发现与观测严格精确吻合的轨道。依据这种方法确定了彗星轨道，我们就可以得知这些天体经过的位置、运行速度、所沿轨道的类型，以及随彗星头部到太阳距离变化过程中彗尾的大小和形状，还包括相隔一段时间后彗星是否会回归，以及它们的运行周期分别是多少。这些问题可以这样解决，首先根据三次或更多次的观测，确定给定时间内彗星的小时运动，然后从这一运动推算出彗星的轨道。这样根据一次观测，以及在这次观测时的小时运动确定的轨道，要么被证实，要么被证明不成立，这是因为根据一小时或者两小时的运动以及一个错误的假设所推导出的结论绝对无法与彗星自始至终的运动相一致。整个计算方法如下：

作为问题解法前提的引理

引理 1

由第三条直线 *RP* 截两条位置已知的直线 *OR* 和 *TP*，使角 TRP 为直角，且如果向任意给定点 *S* 引直线 *SP*，那么该直线 *SP* 乘以由 *O* 点为端点的直线 *OR* 的平方得到的积，其大小是给定的。

由作图法是这样求解的。设给定的积的大小为 M^2N，在直线 *OR* 上任意点 *r* 作垂线 *rp* 与直线 *TP* 相交于 *p*。然后过点 *S* 和 *p* 作直线 *Sp* 等于 $\frac{M^2N}{Or^2}$。使用这种方式作三条或者更多直线 S_{2q}，S_{3q} 等，再过所有点 *q2q3q* 等作一条规则的曲线 *q2q3q* 交直线 *TP* 于点 *P*，由该点作垂线 *PR*。

完毕。

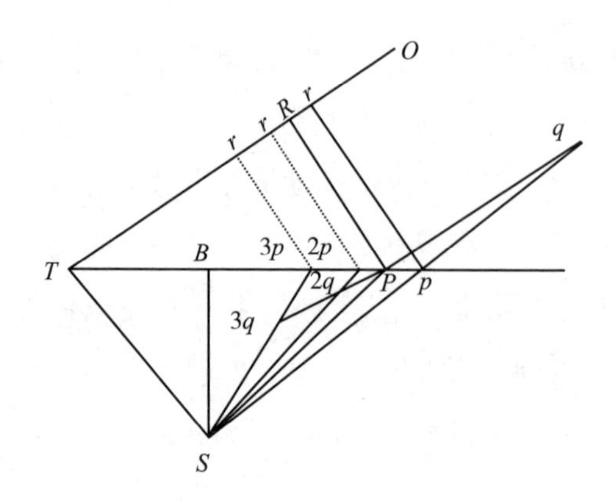

由三角法是这样求解的。假设直线 TP 已由上一种方法得到，那么三角形 TPR，TPS 中的垂线 TR 和 SB 也因此被给定；三角形 SBP 的边 SP 以及误差 $\frac{M^2N}{Or^2} - SP$ 也被给定。设该误差被表示为 D，D 比另一个被表示为 E 的新误差，等于误差 $2p2q \pm 3p3q$ 比误差 $2p3p$，或者等于误差 $2p2q \pm D$ 比误差 $2pP$，在长度 TP 中加上或减去这一新误差可得到正确的长度 $TP \pm E$。观察图片后可以显示应当加上还是减去 E，如果在任何情况下需要进一步校正，可重复以上过程。

由算数法是这样求解的。假设以上过程已经完成，设 $TP + e$ 是通过作图法得出的直线 TP 的正确长度，因此直线 OR，BP 和 SP 的正确长度为 $OR - \frac{TR}{TP}e$，$BP + e$ 和 $\sqrt{(SP^2+2BPe+ee)} = \frac{M^2N}{OR^2 + \frac{2OR \cdot TR}{TP}e + \frac{TP^2}{TR^2}ee}$。

因此使用收敛级数的方法，可以得到

$$SP+\frac{Bp}{SP}e+\frac{SB^2}{2SP^2}ee+\cdots$$

$$=\frac{M^2N}{OR^2}+\frac{2TR}{TP}\cdot\frac{M^2N}{OR^3}e+\frac{3TR^2}{TP^2}\cdot\frac{M^2N}{OR^4}ee+\cdots。$$

令给定的系数 $\frac{M^2N}{OR^2}-SP$，$\frac{2TR}{TP}\cdot\frac{M^2N}{OR^3}-\frac{BP}{SP}$，$\frac{3TR^2}{TP^2}\cdot\frac{M^2N}{OR^4}-\frac{SB^2}{2SP^3}$，分别用 F，$\frac{F}{G}$，$\frac{F}{GH}$表示，经过仔细观察符号，可以发现

$F+\frac{F}{G}e+\frac{F}{GH}ee=0$，以及 $e+\frac{ee}{H}=-G$。

忽略极小项 $\frac{e^2}{H}$，得 $e=-G$。如果误差 $\frac{e^2}{H}$无法忽略，那么取 $-G-\frac{G^2}{H}=e$。

值得指出的是，这里提示了解决更复杂类型问题的通用方法，使用三角法和算术法，而没有使用我们之前用于求解包含交叉项方程的复杂计算解法。

引理 2

用第四条直线截三条位置给定的直线，该直线应通过三条直线中任意一条上一点，使得它截取的部分相互间符合给定的比值。

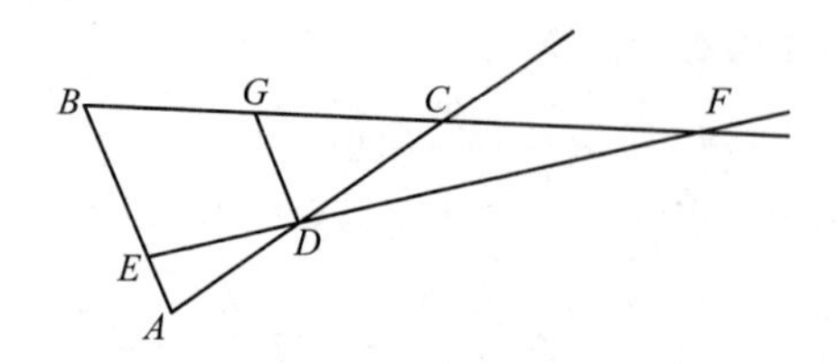

设 AB，AC，BC 为三条给定位置的直线，并假设 D 点是直线 AC 上给定的点。平行于 AB 作直线 DG 交 BC 于 G；取 GF 比 BG 为给定的比值，作 FDE，那么 FD 比 DE 等于 FG 比 BG。

完毕。

由三角法是这样求解的。在三角形 CGD 中，所有的角以及边 CD 被给定，由此可求出其他的边。根据给定的比值，直线 GF 和 BE 也被给定。

引理 3

对任意给定时间，求出彗星的小时运动并用作图表示。

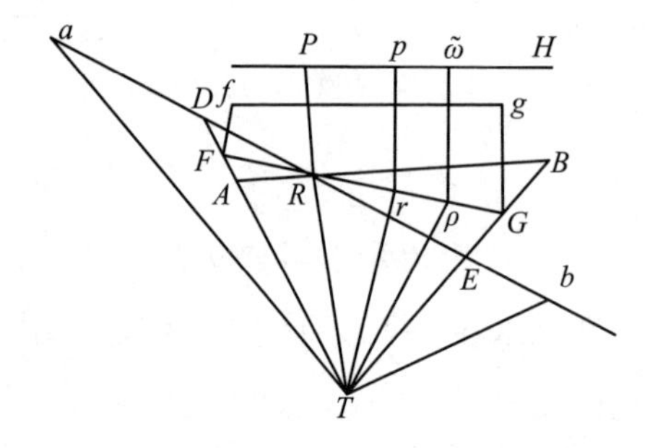

根据最可信的观测，假设彗星的三个经度已经被给定，假设 ATR，RTB 是它们的差值，小时运动可由中间的观测时间 TR 得出。根据引理 2 作直线 ARB，使其被截的两部分 AR，RB 如同三

次观测之间的时间之比。如果我们假设一个物体在整个观测时间内作相等的运动且画出整条直线 *AB*，那么该物体相对于 *R* 点的视运动就可近似为观测时间 *TR* 时彗星的视运动。

更精确的解

设给定的 *Ta*，*Tb* 为相对于较大距离位置两侧的给定经度，根据引理 2 作直线 *aRb*，使得它被截成的两部分 *aR* 和 *Rb* 之比等于观测时刻 *aTR* 和 *RTb* 之间的时间之比。设该直线截直线 *TA* 和 *TB* 分别于 *D* 和 *E*，由于倾角 *TRa* 的误差几乎正比于观测时刻之间时间的平方，作 *FRG*，使得任一角度 *DRF* 与角 *ARF* 之比，或直线 *DF* 与直线 *AF* 之比，等于观测 *aTB* 之间的整段时间与观测 *ATB* 之间的整段时间之比的平方，并使用这样发现的直线 *FG* 替代前一种方法求得的直线 *AB*。

如果角 *ATR*，*RTB*，*aTA*，*BTb* 均不小于 10° 或 15° ，对应的时间不大于 8 天或 12 天，且经度值是在彗星速度最大时所测量的，这样的做法较好，是因为此时观测误差与经度差的比值较小。

引理 4

求彗星在任意给定时间的经度。

在直线 *FG* 上取距离 *Rr*，*Rρ* 与时间成正比，并作直线 *Tr* 和 *Tρ* 即可。使用三角学的方法显而易见。

引理 5

求彗星的纬度。

在半径 *TF*，*TR*，*TG* 上分别作垂线 *Ff*，*RP*，*Gg*，即得到观

测到的纬度的正切值。平行于 fg 作直线 PH，那么与 PH 相交的垂线 rp，$p\tilde{\omega}$ 是对半径 Tr 和 $T\rho$ 所求纬度的切线。

问题的解

问题 1

根据给定的速度之比确定彗星的轨道。

设 S 表示太阳，t，T，τ 表示地球在其轨道上等距的三个位置，p，P，$\tilde{\omega}$ 是彗星在其轨道上的三个对应位置，可满足位置之间的距离符合彗星一小时的运动长度；pr，PR，$\tilde{\omega}\rho$ 均是垂直于黄道平面的直线，且 $rR\rho$ 是彗星轨道在该平面的投影。连接 Sp，SP，$S\tilde{\omega}$，SR，ST，tr，TR，$\tau\rho$，TP，并设 tr，$\tau\rho$ 相交于 O，那么 TR 也近似地趋于同一点，或者误差很小。根据上述引理，角 rOR，$RO\rho$ 是给定的，pr 比 tr，PR 比 TR，以及 $\omega\rho$ 比 $\tau\rho$ 也是给定的。图形 $tT\tau O$ 的大小和位置，距离 ST，以及角 STR，PTR，STP 也被给定。我们假设彗星在位置 P 的速度比一颗行星以相等的距离 SP 绕太阳在圆形轨道上运行的速度等于 V 比 1。我们必须画出直线 $pP\tilde{\omega}$ 以满足以下条件：彗星两小时内掠过的距离 $P\tilde{\omega}$ 比空间 $V \cdot t\tau$（也就是与地球在相同时间内掠过的距离乘以数 V 之比），等于地球距太阳的距离 ST 与彗星到太阳的距离 SP 之比的平方根，而且，彗星在第一个小时内掠过的长度 pP 比彗星在第二个小时内掠过的长度 $P\tilde{\omega}$，等于彗星在 p 点的速度比在 P 点的速度，也就是，如同距离 SP 与距离 Sp 之比的平方根，或者等

于 $2Sp$ 比 $SP+Sp$。因为在这个推导中忽略了小数，所以它们不会产生明显的误差。

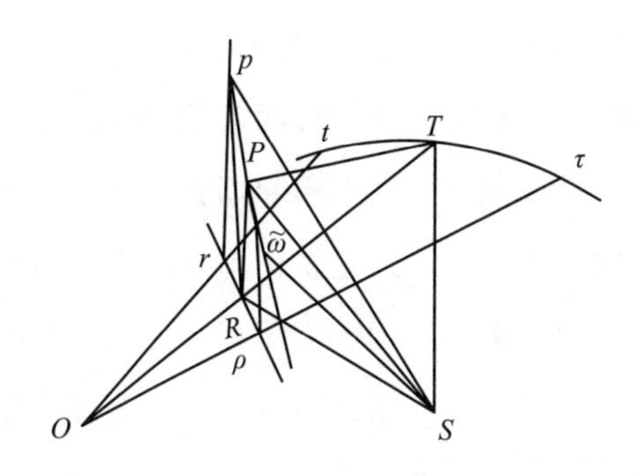

作为数学家，在含交叉项方程的求解中，首先要做的就是通过猜测得到一个根，所以在这一分析计算的过程中，我尽可能猜测断定所求的距离 TR。然后，根据引理 2 作 $r\rho$，首先假设 rR 等于 $R\rho$，再使得（在发现 SP 和 Sp 的比值之后）rR 比 $R\rho$ 等于 $2SP$ 比 $SP+Sp$ 并可发现 $p\tilde{\varpi}$，$R\rho$ 和 OR 相互之间的比值。令 M 比 $V\cdot t\tau$ 等于 OR 比 $p\tilde{\varpi}$，由于 $p\tilde{\varpi}$ 的平方比 $V\cdot t\tau$ 的平方等于 ST 比 SP，所以可以得到 OR^2 比 M^2 等于 ST 比 SP，因此乘积 $OR^2\cdot SP$ 等于给定的积 $M^2\cdot ST$。因此（假设现在三角形 STP 和 PTR 都处于同一平面上）根据引理 1，TR、TP、SP、PR 都可求出。需要首先粗略地画出草图，然后再很细心地制作一张新图，最后再用算术计算，之后再以最大精确度确定线 $r\rho$ 和 $p\tilde{\varpi}$ 的位置，以及平面 $Sp\tilde{\varpi}$ 与黄道平面之间的夹角和交点；再在平面 $Sp\tilde{\varpi}$ 上画出轨道，沿着该轨道物体由位置 P 沿着给定直线 $p\tilde{\varpi}$ 的方向运动，其速度与地球的速度之比等于 $p\tilde{\varpi}$ 比（$V\cdot t\tau$）。

完毕。

问题 2

对所假设的速度和轨道进行校正。

取彗星在大约快要观察不到时的一次观测，或者与上述观察相隔很远的任意一次观测，找出该次观测中向彗星所引的直线与平面 $Sp\tilde{\omega}$ 的交点，以及在该时刻彗星所处其轨道上的位置。如果交点位于该位置，则证明了这条轨道是正确的。否则，就新设定一个数 V 并求解出一条新轨道，然后如同前文所述，对观测时刻的彗星在其轨道上的位置，以及向该彗星所引直线与轨道平面的交点进行检验，然后将误差的变化与其他量的变化进行比较，可由比例法作出判断：其他的量应做怎样的改变或修正以尽可能地减小误差。只要作为运算基础的观测结果是精确的，并且我们对 V 的假设没有出错，那么运用这些修正方法就能得到精确的轨道。我们可以重复运算直至确定足够精确的彗星轨道。

完毕。